方其桂 主编

李怀伦 董俊 副主编

人民邮电出版社

北京

图书在版编目（CIP）数据

中学生C++创意编程 / 方其桂主编. -- 北京 : 人民邮电出版社, 2022.9
ISBN 978-7-115-58910-1

Ⅰ. ①中… Ⅱ. ①方… Ⅲ. ①C++语言－程序设计－青少年读物 Ⅳ. ①TP312.8-49

中国版本图书馆CIP数据核字(2022)第045753号

内 容 提 要

本书采用单元和课的形式，通过 30 个寓教于乐且贴近中学生的学习和生活、符合中学生认知的编程案例，帮助中学生学习和掌握 C++的编程思维和方法。

本书利用流程图厘清编程思路，进而剖析解决问题必需的 C++知识，包括常量、变量、顺序结构、选择结构、循环结构、数组、函数、文件操作、算法等。在此过程中，学生可以通过探索体会编程的乐趣和魅力，并学会运用计算思维来解决问题。

本书适合中学生自主学习使用，可作为青少年编程竞赛的教材，也可作为信息技术教师学习 C++语言的入门书。

◆ 主　　编　方其桂
副 主 编　李怀伦　董　俊
责任编辑　牟桂玲
责任印制　王　郁　胡　南

◆ 人民邮电出版社出版发行　　北京市丰台区成寿寺路 11 号
邮编　100164　　电子邮件　315@ptpress.com.cn
网址　https://www.ptpress.com.cn
临西县阅读时光印刷有限公司印刷

◆ 开本：700×1000　1/16
印张：16.25　　2022 年 9 月第 1 版
字数：221 千字　　2022 年 9 月河北第 1 次印刷

定价：69.90 元

读者服务热线：(010)81055410　印装质量热线：(010)81055316
反盗版热线：(010)81055315
广告经营许可证：京东市监广登字 20170147 号

前言

我们编写本书，不是期望将读者培养成软件工程师，而是想让今天的青少年初步了解编程，感受编程。编程并不是一件高深莫测的事情，而是一种乐趣、一种享受，是为明天种下一粒待萌发的种子。

一、为什么要学编程

想在信息技术无处不在的世界里，更高效地使用它，就必须学会编程；想更好地读懂世界、适应世界、创造未来世界，就要学会编程。学会编程就拥有了一笔宝贵的“人生财富”。学编程，不仅可以提升同学们的自信心，增强成就感，还可以培养同学们的科学探究精神，养成严谨、踏实的良好习惯。学习编程的四大理由如下。

1. 培养抽象逻辑思维能力

编程就好比解一道数学难题，首先需要把复杂的问题分解成一个一个简单的小问题，然后逐一突破，最终解决复杂的问题。在这个过程中，同学们的抽象逻辑思维能力能够得到很好的锻炼。

2. 培养勇于试错的心态

在编程的世界里，犯错是常态，可以说编程就是一个不断试错的过程，但它的调试周期较短，试错成本较低。这样，同学们在潜移默化中内心会变得越来越强大，能以更加平和的心态面对挫折和失败。无论在哪个人生阶段，良好的心态始终是社会生存的重要支撑。

3. 培养学习专注力

爱玩是每个孩子的天性，而编程学习却是一个要求非常专注的过程，这对大部分同学来说是一项挑战。但是编程学习有一个有别于其他学科的巨大优势，那就是可以实现游戏化学习，趣味性十足。这可以让同学们沉浸在编程学习情境中，在无形中提升学习专注力。

4. 培养解决问题的能力

编程注重知识与生活的联系，旨在培养同学们的动手能力。编程能够让同学们的想法变成现实，对同学们的创新能力、解决问题能力、动手能力的提升有很大的帮助。

二、为什么学习 C++ 编程

C++ 是目前非常流行的一种编程语言，它是由 C 语言发展而来的。C++ 的语法结构是很多编程语言的基础。目前，全国编程竞赛使用 C++ 作为比赛语言，故 C++ 也成为各类学校与培训机构主要教授的编程语言之一。

学习编程，绕不开代码。中学生可直接学习 C++，这对培养同学们的编程能力很有帮助。长远来看，若将来打算走竞赛的道路，学习 C++ 编程也是有必要的。

三、本书特点

本书以单元和课的形式编排，从简单的例子着手，逐渐增加编程项目的难度；以程序讲解为中心，注重算法设计。本书的主要特点如下。

- 利用故事情境引发学生思考，既独具匠心，又妙趣横生。
- 利用流程图厘清思路，激发学生的学习兴趣，培养学生的计算思维。
- 通过探究与实践，让学生在解决问题的过程中体会到编程的乐趣和魅力。
- 通过分层次练习，探索解决问题的方法。
- 利用微课视频，辅助学生突破学习难点。

四、适用读者

本书是一本 C++ 编程的启蒙书，希望通过本书能让中学生和更多的读者爱上编程。本书适合以下读者阅读。

- 想学编程的中学生。
- 想教中学生编程的老师和家长。
- 想在轻松、有趣的环境下探索编程的爱好者。

五、本书使用方法

本书附赠了与书内容同步的 PPT 课件和微课视频。读者扫描图书封底的二维码，即可获得本书配套资源的下载链接。

我们希望读者在计算机旁阅读本书，遇到问题就上机实践，有不懂的地方可以观看我们提供的微课视频。更希望读者有固定的学习时间，然后坚持学下去。

六、本书作者

参与本书编写工作的有省级教研人员，以及全国、省级优质课竞赛获奖教师，他们不仅长期从事计算机教学方面的研究，而且都具有丰富的计算机图书编写经验。

本书由方其桂担任主编，李怀伦、董俊担任副主编。本书的第 1 单元、第 8 单元由董俊编写，第 3 单元由杨艳萍编写，第 4 单元由冯士海编写，第 5 单元由王丽娟编写，第 2 单元、第 6 单元和第 7 单元由李怀伦编写，随书配套资源由方其桂整理并制作。

虽然我们有着 10 多年撰写计算机图书的经验，并认真构思，反复审核、修改，但书中仍难免有一些疏漏。我们深知一本图书的好坏，需要广大读者去检验，在这里，我们衷心希望您对本书提出宝贵的意见和建议。我们的联系邮箱是 muguiling @ ptpress.com.cn。

方其桂

目录

第 3 单元　披沙拣金——选择结构

第 4 单元　周而复始——循环结构

第 5 单元　物以类聚——数组

第 6 单元　提速增效——函数

第1单元

魔法天地——初识编程

当我们使用鼠标双击电脑上的歌曲文件时，就能聆听到优美的旋律；当我们用手指在手机相册中划动时，就可以浏览漂亮的照片；当我们对着家庭机器人说“开灯”时，客厅的灯就亮了……这些都是人和机器的“交流”。机器之所以能和人交流、理解人的“意图”，并根据人的指令一步一步去工作，完成某种特定的任务，是因为机器内部有事先编写好的程序。这些程序都是使用程序设计语言编写而成的，而编写的过程就是编程。

目前，C++ 是主流的编程语言之一。C++ 语言结构简洁、操作方便、易上手，因此非常适合初学者。本单元我们就一起来认识一下 C++ 语言吧！

学习内容

- 第 1 课　拥有魔法盒——软件安装
- 第 2 课　求生者密码——编程体验
- 第 3 课　交换身份牌——数据类型
- 第 4 课　绝地闯关卡——算术运算

第1课 拥有魔法盒——软件安装

在“哈利·波特”系列小说中，每一个入门魔法师要想到魔法学校去，都必须到9¾站台去乘坐列车。修炼编程魔法的同学也一样，要想入门编程世界，必须先获取与计算机交流的魔法盒，这样才可以给计算机下达指令，指挥计算机做我们想让它做的事情。那么获取这个魔法盒，就是我们学习编程的第一步。

编程任务：下载并安装Dev-C++软件，打开编程的大门。

1. 理解题意

从网络上搜索并下载Dev-C++软件，然后将其安装到自己的计算机中。

2. 问题思考

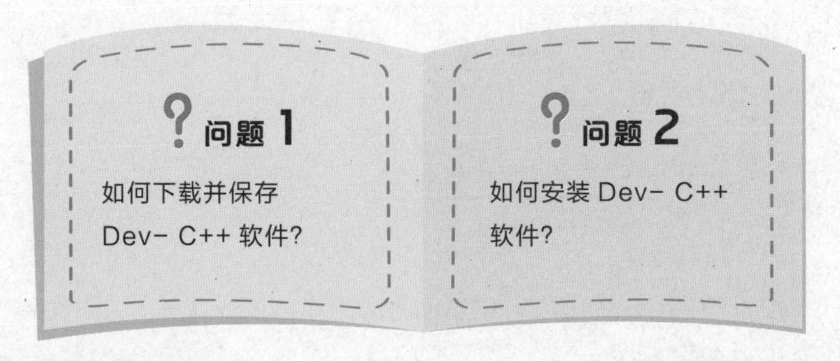

编写程序，我们可以使用 Microsoft Word、记事本等软件，但如何让计算机运行程序、接收指令呢？这就需要一个编译软件，我们通常将其称为集成开发环境（Integrated Development Environment，IDE）。支持 C++ 语言的集成开发环境有很多，如 C-Free、C++ Builder、Visual Studio、DEV-C++ 等。本书给大家推荐的是 Dev-C++，这个集成开发环境比较简洁，目前在中小学编程中应用得比较广泛。

1. 下载并保存 Dev-C++ 软件

（1）登录 Dev-C++ 软件的官方网站，单击“Download”按钮。

（2）按下图所示进行操作，下载并保存 Dev-C++ 软件。

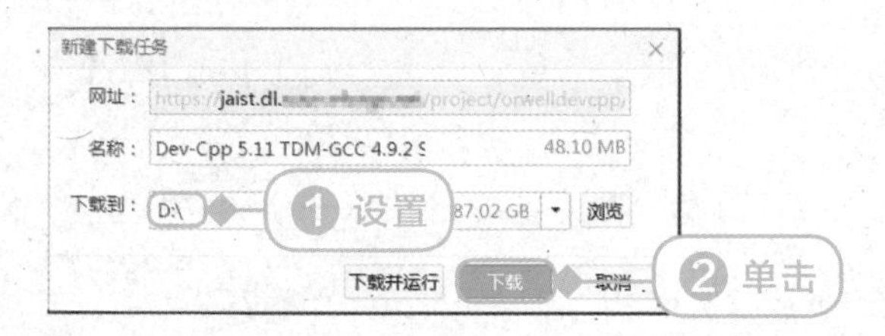

2. 安装 Dev-C++ 软件

按下图所示进行操作，就可以成功地将 Dev-C++ 软件安装到计算机中。

3. 设置 Dev-C++ 软件

（1）设置语言。初次运行安装好的 Dev-C++ 软件，系统会提示选择语言，这里我们可以选择“简体中文 /Chinese”。

（2）设置字体和字号。单击“工具”→“编辑器选项”，在“编辑器属性”对话框中单击“显示”选项卡，在该选项卡中设置 Dev-C++ 编辑器的字体为 Consolas，字号为 10。

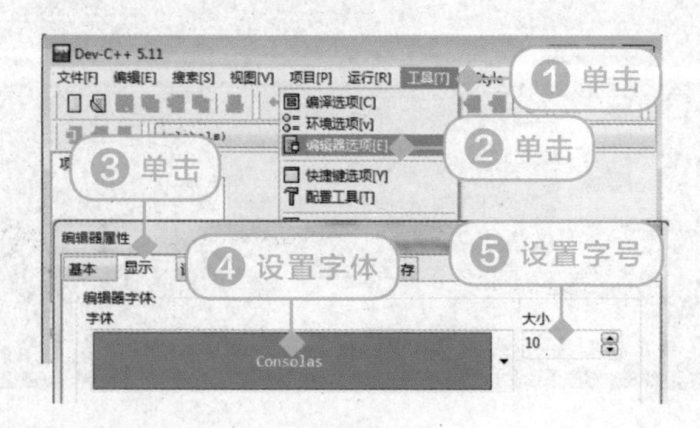

1. 编译器的作用

人说的话计算机是不能直接“听懂”的，计算机之所以能和人进行交流，是因为有程序这个“传令官”。我们通过使用和人类的自然语言比较接近的程序设计语言（如 C++、Java 等）在程序中表达我们的“旨意”，而程序则负责调度各种计算机资源来实现我们下达的“旨意”。但 C++、Java 等程序设计语言是高级语言，计算机也不能直接“听懂”，需要一个“翻译官”把高级语言翻译成低级语言——机器语言，这就是编译器的作用。

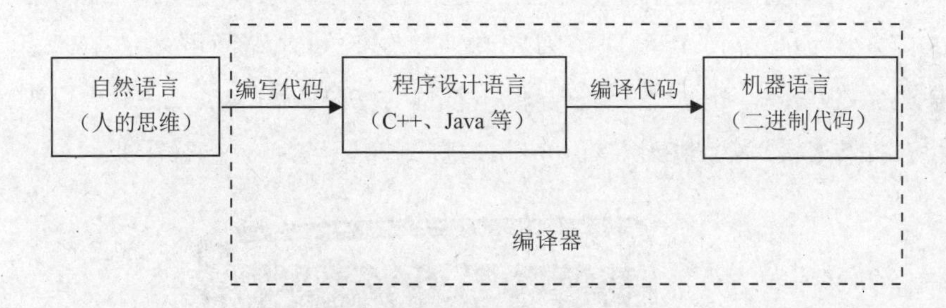

2. Dev-C++ 软件的使用

将 Dev-C++ 软件安装、设置好之后，双击桌面上的快捷方式图标，即可运行该软件。然后选择“文件”→“新建”→“源代码”命令，就可以看到下图所示的软件使用界面。编写程序代码、运行程序等操作都是在该界面中进行的。

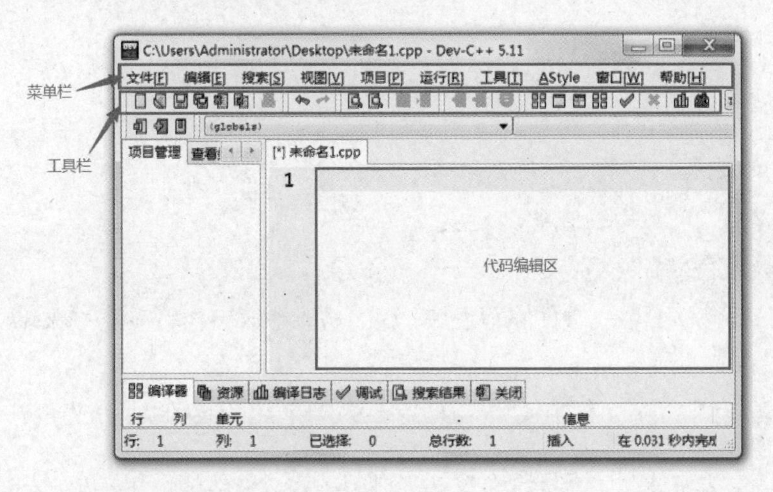

第2课 求生者密码——编程体验

“密室逃脱”游戏中，求生者的主要任务就是尽快破译密码机，这样才不会被监管者发现，因此如何在短时间内破译更多的密码机是逃生的关键。玩家杰克发现了一个通用密码——*#06#，每次只需要在计算机屏幕上输出“*#06#”，就能快速破译一个密码机。

编程任务：编写程序，在计算机屏幕上输出密码“*#06#”。

1. 理解题意

利用Dev-C++软件编写程序，程序功能是输出一串字符“*#06#”。

2. 问题思考

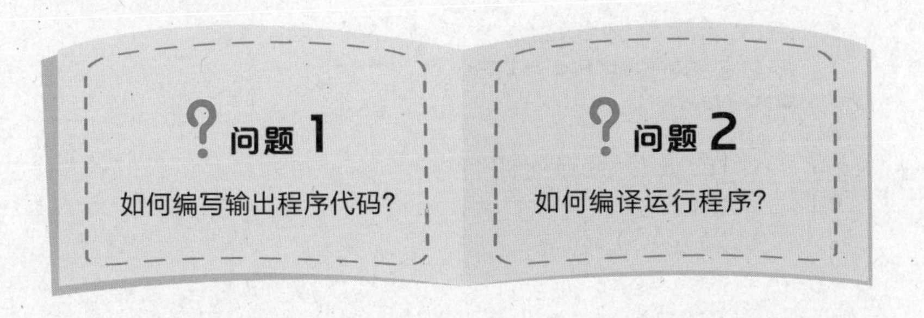

3. 算法分析

若使用 C++ 语言，实现在计算机屏幕上输出一串字符，需要用到 cout 语句输出指令，而指令需要在包含头文件和主函数的框架中执行。后面讲到的每个程序都需要在此框架中执行，初学者可先记住此框架，后面慢慢理解其含义。

程序流程图如下图所示。

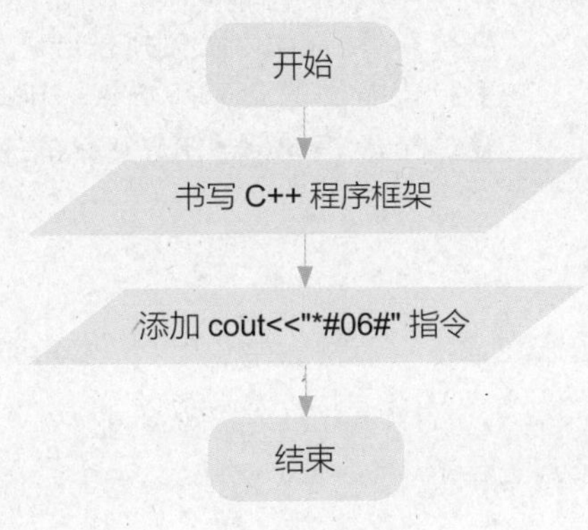

1. 新建源文件

启动 Dev-C++ 软件，选择“文件”→“新建”→“源代码”命令（或按 <Ctrl>+<N> 组合键），新建一个源代码文件，默认名称为“未命名 1”。要养成良好的编程习惯，即为每次新建的程序文件重新命名。

2. C++ 程序的基本框架

```
1  #include<iostream>
2  using namespace std;
3  int main()
4    {
5       … 此处书写代码指令…
6     return 0;
7    }
```

3. cout 语句

cout 是输出语句，它的语法格式如下。

格式： cout<< ;

示例： cout<<"Hello world"; // 输出 Hello world

cout<<6+2; // 输出 8

功能： 输出一个字符常量或一个表达式的值。输出的内容如果用英文的双引号标识，则内容为字符常量，cout 语句将按原样输出；如果没有用英文的双引号标识，则内容为表达式，cout 语句将输出表达式的值。

4. 编译运行

程序代码编写好之后，需要将程序指令翻译成机器语言，让计算机执行，这就是编译。编译的过程需要在 Dev-C++ 中完成。

通常是先编译程序再运行程序。在“运行”菜单中选择“编译”命令，如果提示编译成功，就可以运行程序；也可以在“运行”菜单中选择“编译运行”命令，或者按 <F11> 键，编译并运行程序。

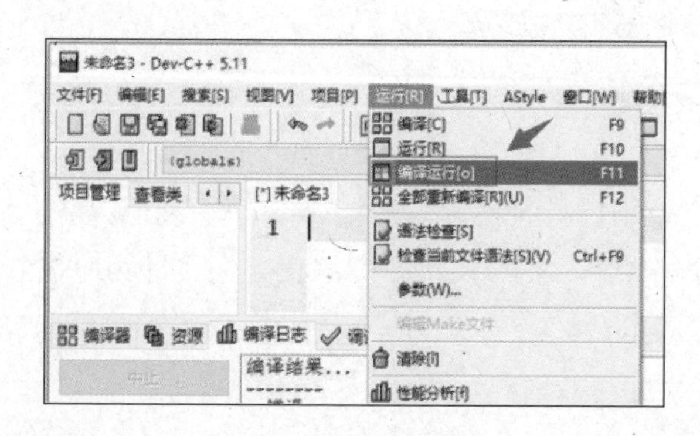

如果代码中有编写错误，编译时会有红色文字提示，只有先修改代码才能再次尝试编译。

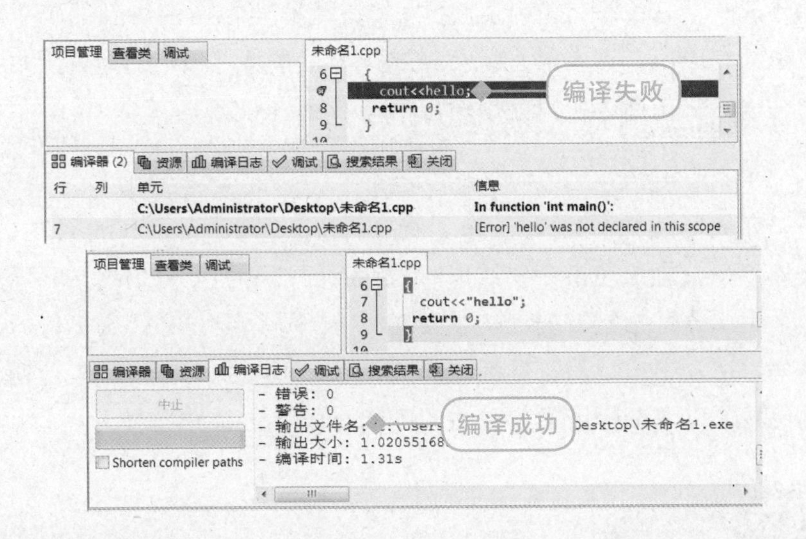

1. 编程实现

在代码编辑区编写程序代码，并以“1-2-1.cpp 第 2 课　求生者密码——编程体验”为文件名保存。

文件名　1-2-1.cpp　第 2 课　求生者密码——编程体验

```
1  #include<iostream>     //头文件
2  using namespace std;  //命名空间
3  int main()            //主函数
4  {
5      cout<<"*#06#";    //输出语句
6      return 0;         //结束语句
7  }
```

2. 测试程序

程序运行结果如下图所示。

```
*#06#
```

3. 程序解读

在本程序中，我们可以理解为除了第 5 行的输出语句，其他行的代码构成了 C++ 程序的基本框架，此框架在后面讲到的每个程序中都有应用，读者需牢记。第 5 行的位置是写程序的地方。本程序是输出一句话，所以就用输出语句 cout 来实现。

4. 易犯错误

在编写程序代码时，除了头文件 #include<iostream> 和主函数外，每一行语句指令要结束时，其后面都要加上一个英文分号。这个英文分号常常被编程初学者遗漏。此外，要注意代码字母的大小写，指令中出现的符号都是英文符号；不要滥用空格，应合理缩进代码，以保证程序的美观性和可读性。

1. 连续输出

如果程序中有多个要输出的内容，如要输出表达式“54*78”以及它的值，我们就可以这样写程序：

```
cout<<"54*78="<<54*78;
```

输出结果：

```
54*78=4212
```

2. 换行输出

如果程序中需要多行输出，就要在需要换行的地方加上换行指令 endl。例如，要分两行输出“我是中国人，我爱我的祖国！”，我们就可以这样写程序：

```
cout<<" 我是中国人 ,"<<endl;
cout<<" 我爱我的祖国 !";
```

也可以这样写：

```
cout<<" 我是中国人 ,"<<endl<<" 我爱我的祖国 !";
```

程序运行结果如下图所示。

1. 修改程序

下图所示的程序代码，其功能是计算并输出 12 的平方值，其中有两处错误，请你改正。

练习 1

```
1  #include<iostream>
2  using namespace std          ❶
3  int main()
4  {
5      cout<<"12*12";           ❷
6      return 0;
7  }
```

修改程序：①________________

②________________

2. 编写程序

试编写一个程序，输出下图所示的金字塔图形。

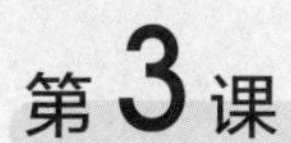

交换身份牌——数据类型

读故事

在“三国杀”桌游中，每个玩家都只能有一张身份牌，并且每个玩家有一次赠送身份牌的机会，但每个玩家不能同时有两张身份牌。本轮游戏有 3 个玩家，玩家 a 的身份牌是刘备，玩家 b 的身份牌是曹操，玩家 c 没有身份牌，现在 a 和 b 两个玩家想交换身份牌，他们应该如何操作呢？

编程任务： 在符合游戏规则的情况下，帮助 a、b 两个玩家交换他们的身份牌。

理思路

1. 理解题意

游戏中，玩家 a 的身份牌是刘备，玩家 b 的身份牌是曹操，若要交换身份牌，不能直接把玩家 b 的身份牌赠送给玩家 a。因为如果直接给，玩家 a 的身份牌只能被直接丢弃，不能赠送给玩家 b，所以只能先把玩家 a 的身份牌保存起来，再把玩家 b 的身份牌赠送给玩家 a。

2. 问题思考

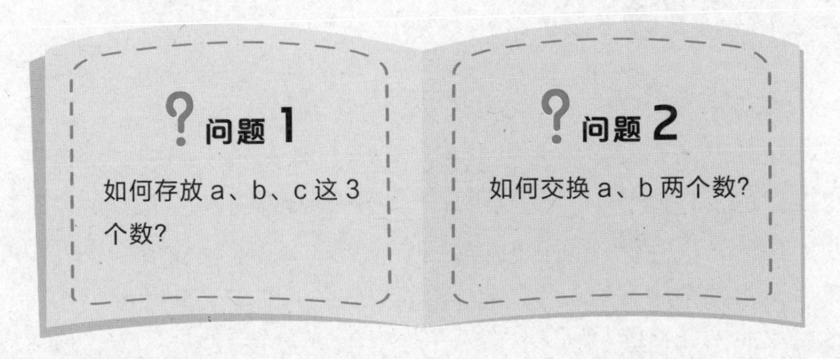

3. 算法分析

为了方便表示，我们把刘备的身份牌当作 1、曹操的身份牌当作 2，那么就可以表示为 a=1、b=2，然后借助玩家 c 来交换 a、b 的值。

由下图可以清楚地看出，要交换 a、b 的值，可以通过以下 3 步操作来完成。

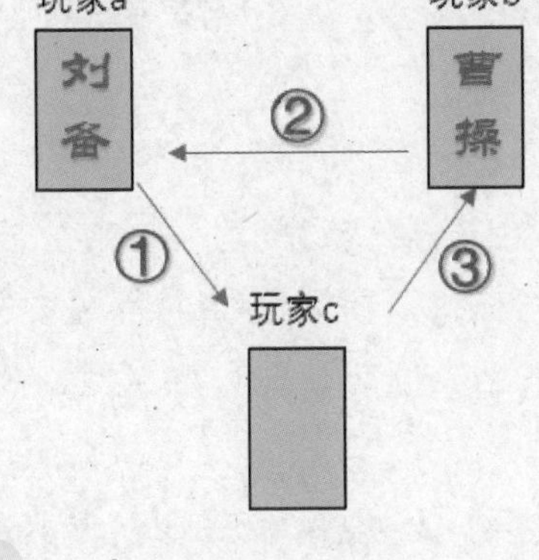

第 1 步：把玩家 a 的身份牌赠送给玩家 c。

第 2 步：把玩家 b 的身份牌赠送给玩家 a。

第 3 步：把玩家 c 的身份牌赠送给玩家 b。

程序流程图如下图所示。

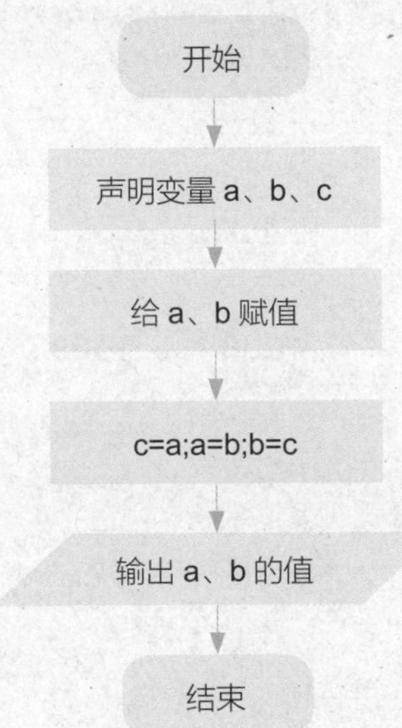

1. 声明变量

顾名思义，变量就是可变的量，它在计算机中起到“容器”的作用，用于存储数据。变量可以通过变量名来访问。简单地说，类似于在计算机存储空间里开辟一个小空间，用于存放数据，这个空间的名称就是变量名。这个空间有多大取决于变量的数据类型。声明变量的语法格式如下。

格式： 数据类型 变量名；
示例： int a;

功能： 声明一个整型的变量 a。

2. 数据类型

声明变量的时候，首先要声明变量的数据类型，也就是每个数据在计算机中存储时都需要先指定数据类型。在 C++ 中，常用的数据类型有整型和浮点型，此外还有字符型和布尔型。

数据类型		类型说明符	数值范围	示例
整数	整型	int	-2147483648 ~ 2147483647	int n=100
	超长整型	long long	-9.2E18 ~ 9.2E18（约 19 位的整数）	long m=123456789
实数	单精度浮点型	float	-3.4E38 ~ 3.4E38	float a=3.141592
	双精度浮点型	double	-1.7E308 ~ 1.7E308	double s=0.6180339887498
字符型		char	用单引号引起来的单个字符	char ch='A'
布尔型		bool	表示真（1）或假（0）	bool c=true

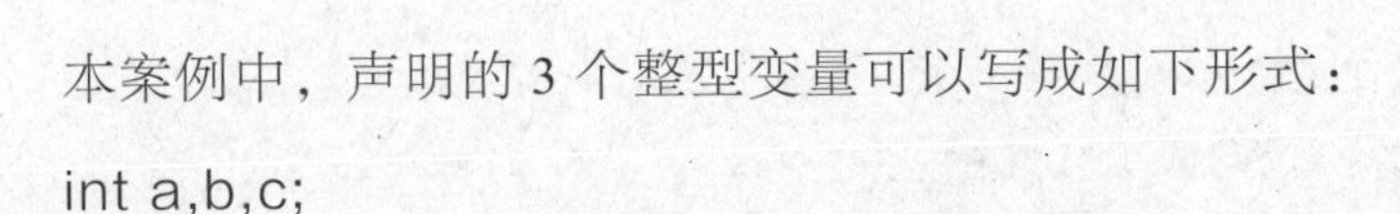

本案例中，声明的 3 个整型变量可以写成如下形式：

int a,b,c;

3. 赋值语句

在程序中，如何把玩家 b 的身份牌传给玩家 a 呢？可以用赋值语句来实现。在 C++ 语言中，赋值语句是由赋值表达式加上英文的分号构成的表达式语句，如 a=b;，意思是把 b 的值赋给 a，a 原来的值被替换掉。其中，“=”称为赋值运算符或赋值号。注意：一定是把右边的值或表达式赋给左边的变量。

格式： 变量 = 常数 / 变量 / 表达式；

功能： 将“=”右边的值赋给左边的变量，如 a=a+1;，意为将变量 a 的值增加 1 后重新赋值给变量 a。

求解决

1. 编程实现

在代码编辑区编写程序代码，并以“1-3-1.cpp 第 3 课　交换身份牌——数据类型”为文件名保存。

文件名　1-3-1.cpp　第 3 课　交换身份牌——数据类型

```
1  #include<iostream>
2  using namespace std;
3  int main()
4  {
5      int a,b,c;          //声明变量
6      a=1;b=2;            //给a、b赋初始值
7      c=a;a=b;b=c;        //两数交换
8      cout<<a<<" "<<b;    //输出新的a、b
9      return 0;
10 }
```

2. 测试程序

选择“运行”→“编译运行”命令，运行程序，结果如下图所示。

```
2 1
```

说明变量 a 的值已由原来的 1 变成了 2，变量 b 的值已由原来的 2 变成了 1。

3. 程序解读

本程序中，定义了 3 个整型变量，用于存放身份牌信息。a 和 b 是有初始值的，要使两数交换，不能直接让 a=b、b=a，因为若这样操作，a 中原来的值会丢失。

4. 易犯错误

对于本程序，初学编程的同学最易犯的错误是语句后忘记加分号；其次，第 8 行语句输出 a 和 b 时，中间要加个空格，否则输出的两个数会紧挨着，不容易区分。

5. 拓展应用

同学们还可以尝试交换其他类型的两个数。例如，交换两个 float 类型的数，其程序代码如下。

```
#include <iostream>
using namespace std;
int main() {
    float a,b;              //声明字符型变量
    a=0.2;b=1.3;            //给a、b赋初始值
    c=a;a=b;b=c;            //两数交换
    cout<<a<<" "<<b;        //输出交换后的结果
    return 0;
}
```

想一想，如果要将一个 int 类型的数与一个 float 类型的数交换，其程序代码应该如何修改呢？

1. C++ 程序的编写步骤

编写 C++ 程序，一般需经历以下 4 个步骤。

分析问题 → 设计算法 → 编写程序 → 调试运行

- 分析问题：理解程序需求。
- 设计算法：构思解决问题的思路，用流程图或者自然语言描述。
- 编写程序：将设计好的算法转换成程序代码。本书中编写的程序是用 C++ 编译器编写的扩展名为“.cpp”的源文件。
- 调试运行：编译运行、调试程序。

2. 变量的命名规则

在一个程序中，可能要使用多个变量。为了区别不同的变量，必须赋予每一个变量不同的名称，这个名称称为变量名。为了增强程序代码的可读性和易维护性，变量的命名必须遵守一定的规则。在 C++ 中，变量的命名规则如下。

- 变量名只能由字母（A ~ Z，a ~ z）、数字（0 ~ 9）和下划线“_”组成。
- 变量名中的第一位必须是字母或者下划线。
- 不能使用 C++ 中的关键字来命名变量，以避免冲突。例如，不能使用 main、int、if 等关键字命名变量。
- 变量要先定义后使用，并且变量名要区分英文大小写。
- 变量名的长度一般不超过 8 个字符。

1. 修改程序

下面程序的功能是输入一个圆的半径值，求该圆的面积。其中有两处错误，请你改正。

练习 1　计算圆的面积

```
1  #include<iostream>
2  using namespace std;
3  int main()
4  {
5      int r;       //声明半径变量
6      int s;       //声明面积变量 ———— ❶
7      r=3;         //给半径赋值
8      s=3.14*r*r;//计算面积
9      cout<<r;     //输出面积 ———— ❷
10     return 0;
11 }
```

修改程序：①________________

②________________

2. 阅读程序写结果

阅读下面的程序，写出运行结果，然后上机验证。

练习 2

```
1  #include<iostream>
2  using namespace std;
3  int main()
4  {
5      int a,b;
6      float c;
7      a=7;c=1.2;
8      b=a+c;
9      cout<<b;
10     return 0;
11 }
```

输出：________________

第4课 绝地闯关卡——算术运算

扫一扫，看视频

读故事

在“绝地生存”游戏中，玩家被空降到一个荒无人烟的海岛上。每个玩家只能靠自己的智慧在海岛上生存。假设该游戏一共有10个关卡，每个关卡入口处都有一个补给站，但是只有回答对补给站的问题，才能享受补给。补给站的问题都很简单，就是给出一个数字，让你快速计算出这个数字的平方。10个关卡给出的数字会越来越大，口算也会越来越困难，所以需要你通过编程来协助解决这个问题。

编程任务： 计算一个数字的平方是多少。

理思路

1. 理解题意

本课的编程任务实际上就是编写一个程序，实现输入一个数字，输出这个数字的平方的功能。

2. 问题思考

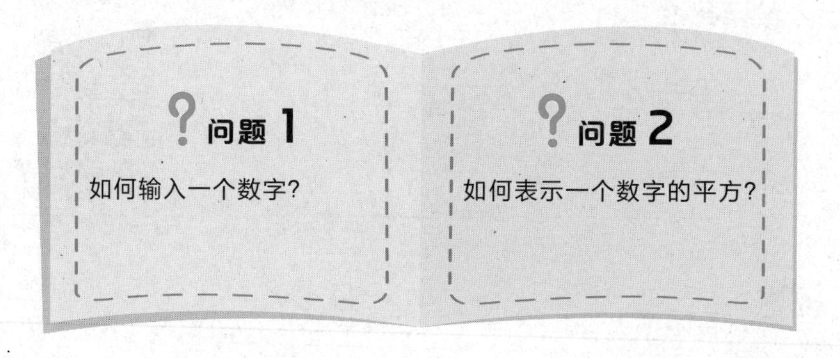

3. 算法分析

根据第 3 课所学内容可知，我们需要先声明两个变量来存储这个数字和它的平方，这两个变量为整型。求解过程如下。

第 1 步：声明两个整型变量 a、s。

第 2 步：输入 a。

第 3 步：计算 s。

第 4 步：输出 s。

程序流程图如右图所示。

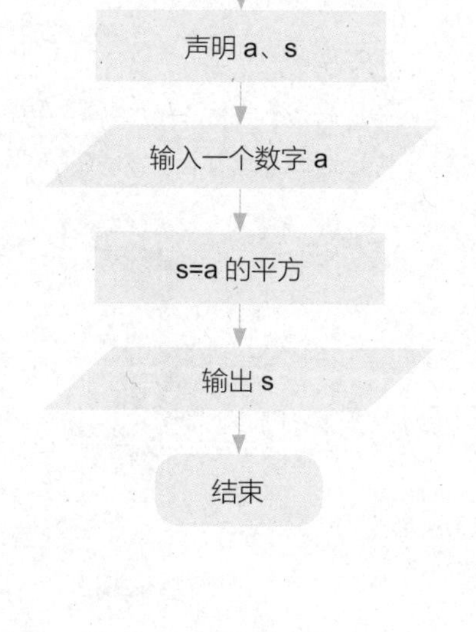

1. 输入数据

输入数据，我们可以使用 cin 语句。例如，本程序中要输入数字 *a*，则可以这样写程序：

```
cin>>a;
```

2. 平方运算

计算 *a* 的平方，在数学中就是两个 *a* 相乘，表示为 $a \cdot a$。在

C++ 语言中，乘号用星号“*”表示，a 的平方就可以表示为 a*a。

1．编程实现

在代码编辑区编写程序代码，并以“1-4-1.cpp 第 4 课　绝地闯关卡——算术运算”为文件名保存，如下图所示。

文件名　1-4-1.cpp　第 4 课　绝地闯关卡——算术运算

```
1  #include<iostream>
2  using namespace std;
3  int main()
4  {
5      int a,s;     //声明两个整型变量
6      cin>>a;      //输入变量a的值
7      s=a*a;       //计算a的平方
8      cout<<s;     //输出s
9      return 0;
10 }
```

2．测试程序

选择“运行”→“编译运行”命令，运行程序，输入 98，程序运行结果如下图所示。

```
9604
```

3．易犯错误

在编写本程序代码时，注意要根据题意来确实变量的数据类型。第 3 课中我们学到 int 类型的数据最多能表示 2147483647，也就是说 a*a 的值不能超过 2147483647，所以这个程序只能计算不超过 46340 的平方。

4．拓展应用

如果本程序中给出 *a* 的取值范围是 1 ~ 200000，那么这个程

序该如何编写呢？

```
#include <iostream>
using namespace std;
int main() {
    long long a,s;          //声明超长整型变量
    cin>>a;                 //输入变量 a
    s=a*a;                  //计算 s
    cout<<s;                //输出 s
    return 0;
}
```

1. 算术运算符

除了“*”之外，C++ 中还有其他的算术运算符，如“/”“+”等。常用的几个算术运算符的作用及应用示例如下表所示。

算术运算符	+	−	*	/	%
作用	加	减	乘	除	求余
示例	6+2=8	9−7=2	2*3=6	7/2=3	7%4=3

其中，求余运算符是数学中没有的。在计算机中，余数是可以直接求出来的。在程序编写中经常用到求余运算，例如判断一个数是不是偶数，只需要判断这个数除以 2 有没有余数就可以了。

有的同学可能会问，7 除以 2 的结果为什么是 3，而不是 3.5 呢？这是因为在 C++ 中除法运算与数据的类型有关，如果除数和被除数都是整型，那么除法运算的结果也是整型，且会自动抹去小数部分，如 15/4 的值是 3。但是，如果除数和被除数或其中之一为浮点型，那么运算结果为浮点型，如 7/2.0=3.5。

2. C++ 程序的一般组成结构

在学习编程的初期，很多同学不知道如何编写程序，这里给同

学们总结了简单程序一般的组成结构，同学们可以根据这个组成结构编写程序、解决问题。

● 变量声明：考虑该程序需要几个变量，这些变量都是什么类型。

● 数据输入：考虑程序中哪些数据是已知的，哪些数据是需要输入的。

● 数据计算：根据输入的数据或已知的数据计算要求的数据。

● 数据输出：把最后要求的数据输出。

1. 完善程序

下面程序的功能是输入一个整数 a（$1<a<20000$），输出 a 的三次方。请在横线处补充缺失的语句，使程序完整。

练习 1

```
1  #include<iostream>
2  using namespace std;
3  int main()
4  {
5      int a;
6      ❶_____ s;   //声明变量s
7       cin>>a;    //输入a
8       s= ❷______;//计算a的三次方
9       cout<<s    //输出s
10     return 0;
11 }
```

语句①：________________

语句②：________________

2. 阅读程序写结果

阅读下面的程序，写出运行结果，然后上机验证。

练习 2

```
1  #include<iostream>
2  using namespace std;
3  int main()
4  {
5      int a,b,c,d;
6      cin>>a>>b;
7      c=a/b;
8      d=a%b;
9      cout<<c<<" "<<d;
10     return 0;
11 }
```

输入：10 3

输出：__________________

3. 编写程序

假设一个笼子里有鸡和兔两种动物，据统计，笼子里有 30 个头、90 只脚。试编写一个程序，计算笼子里鸡和兔各有多少只。

第2单元

步步为营——顺序结构

生活中做事一般都是有顺序的，如使用全自动洗衣机洗衣服的一般顺序是打开洗衣机门→放入脏衣服→启动洗衣机。这些操作是有先后之分的，顺序不能调换。把这种顺序类推到程序设计中，就是每条语句自上而下依次执行。我们把这种程序结构称为顺序结构。

利用顺序结构编写的程序能够解决很多问题，如数学计算、工程流水线控制等。顺序结构中的每一个步骤在程序设计中就是一条语句，这些语句都是编程设计的基本组成部分。本单元就来了解一些 C++ 语言的基础知识，为后续的编程设计打好基础。

学习内容

第5课 万有引力——常量与变量

读故事

牛顿曾对这样的问题感到困惑：是什么力量驱使月球围绕地球转、地球围绕太阳转？一次偶然的机会，他看到苹果落地，又想到月球却不会掉落到地球上，于是他开始思考苹果和月球之间存在什么差异。

经过努力探索，牛顿提出物体之间存在万有引力的理论。1798年英国物理学家卡文迪许做了著名的卡文迪许扭称实验，验证了牛顿的万有引力理论的正确性。万有引力的计算公式如下：

$$F_{引}=G\frac{Mm}{r^2}$$

式中　M和m——物体（天体）的质量，单位为kg；

r——物体（天体）间的距离，单位为m；

G——引力常数，其值约为6.67×10^{-11}，单位为$m^3\cdot kg^{-1}\cdot s^{-2}$，即$N\cdot m^2/kg^2$。

编程任务：已知地球和月球的质量分别为5.98×10^{24}kg和7.35×10^{22}kg，地球与月球的距离大约是380000km，试编写一个程序，计算它们之间的引力的近似值（单位：N）。

1. 理解题意

此题目已知万有引力公式，并且已知公式中的 4 个数值，只要把数值和公式输入计算机，即可求得答案。

2. 问题思考

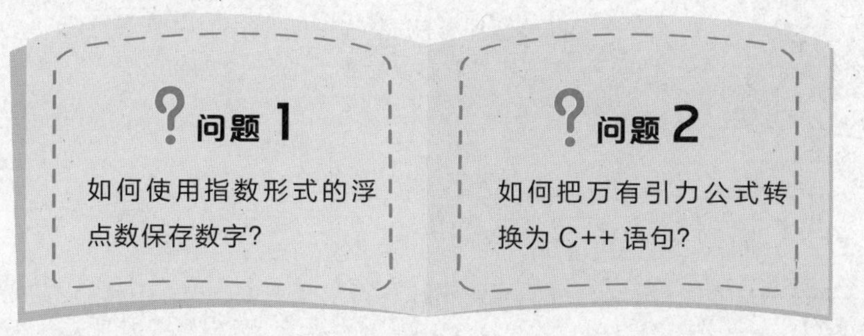

3. 算法分析

声明常量 G，声明变量 M、m、F、r，输入数值。通过万有引力公式计算地球和月球之间的引力，求解过程如下。

第 1 步：声明常量 G 并赋值，声明变量 M、m、F、r。

第 2 步：输入变量 M、m、r 的值。

第 3 步：计算 F 的值。

第 4 步：输出 F 的值。

程序流程图如右图所示。

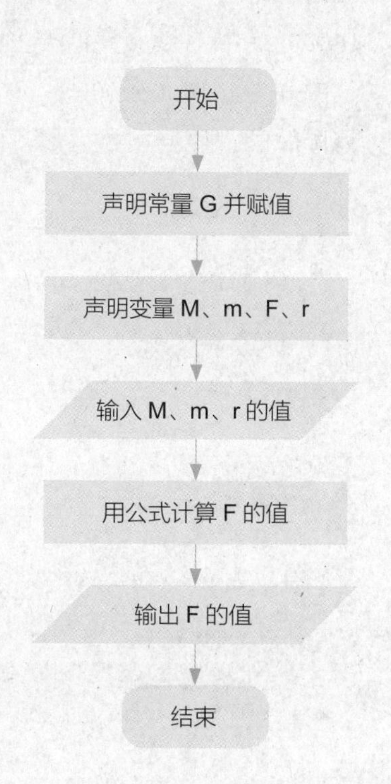

1. 常量

常量是指在程序运行中值不能改变的量。常量的命名规则遵循变量的命名规则。例如，圆周率是常量，在程序运行中其值不变，大家习惯使用 PI 来表示。

常量的声明格式如下。

格式： const 数据类型 常量名 = 常数；
示例： const float PI=3.14;

功能： 把 3.14 赋值给名为 PI 的常量。在程序的运行过程中，PI 的值就是 3.14，不会发生改变，不能被重新赋值。

2. 指数形式的浮点数

生活中有很多较大或者较小的数。例如，光在空气中的传播速度大约是 300000000m/s。截至 2020 年 11 月 30 日，我国人口数大约是 1400000000。读、写这样的数都很不方便，此时可以免去写这么多重复的 0，如 1400000000 可写为 1.4×10^9。在 C++ 中，这样的数被称为指数形式的浮点数，如可以把 1.4×10^9 表示为 1.4E+9，其中“+9”是指数（“+”可省略）。又如 6.67×10^{-11} 可表示为 6.67E-11，指数就是 −11。

注意： 指数形式的浮点数中字母不区分大小写，如 6.1E+9 和 6.1e+9 没有区别。

1. 编程实现

在代码编辑区编写程序代码，并以“2-5-1.cpp 第 5 课　万有引力——常量与变量”为文件名保存。

文件名 2-5-1.cpp 第 5 课 万有引力——常量与变量

```
1  #include <iostream>
2  using namespace std;
3  const double G=6.67E-11;//定义常量G
4  int main() {
5      double F,M,m,r;       //定义变量
6      cin>>M>>m>>r;         //输入质量和距离
7      F=G*M*m/(r*r);        //利用万有引力公式计算F的值
8      cout<<F;              // 输出F的值
9      return 0;
10 }
```

2. 测试程序

数据采用指数形式的浮点数表示，地球的质量可表示为5.98E+24kg，月球的质量可近似表示为7.3E+22kg，地球与月球之间的距离可表示为3.8E+8m。运行程序，输入M、m、r的值，输出结果如下图所示。

```
5.98E+24  7.3E+22  3.8E+8
2.01643E+020
```

可见，地球与月球之间的引力约为2.01643×10^{20}N。

3. 程序解读

在本程序中，第3行语句的作用是定义常量，需要使用关键字const，而使用double类型常量的目的是存储更大的数据。第6行语句的作用是输入3个数据。当通过键盘输入时，一定不要忘了在3个数据之间加空格。第7行语句的作用是将万有引力公式表示为C++语句。

4. 易犯错误

在本程序中，为了和物理量相对应，部分内容使用了大写字母作为常量或变量。所以在编写程序时，请注意及时切换大小写输入方式。在第7行语句中，算术表达式的分母是r的平方，故一定不要忘了用圆括号标识。

5. 程序改进

由于数字比较复杂，为了避免初学者在调试程序时犯错误，这里可以对变量直接赋值。程序改进如下图所示。

文件名　2-5-2.cpp　第 5 课　万有引力——常量与变量

```
1  #include <iostream>
2  using namespace std;
3  const double G=6.67E-11;//定义常量G
4  int main() {
5      double F,M,m,r;        //定义变量
6      M=5.98e+24;            //地球质量
7      m=7.3e+22;             //月球质量
8      r=3.8e+8;              //地球与月球之间的距离
9      F=G*M*m/(r*r);         //计算F
10     cout<<F;               //输出F的值
11     return 0;
12 }
```

1. 常量的优势

在 C++ 中，使用常量具有以下优势。

● 修改方便：无论定义的常量在程序中出现多少次，只要在定义语句中对定义的常量进行一次修改，其他位置就会跟着被修改。

● 可读性强：常量具有明确的含义，如上述程序中定义的 G，读者看到 G 就知道其代表物理学中特定的常量。

2. 常量的赋值

常量在程序中代表数值或者字符等。在 C++ 中，常量的定义方式有如下两种。

（1）关键字 const 定义。

const 数据类型 常量名 = 常数;

例如：const int a=10;　　　　　//a 的值被赋为 10

　　　const int a=1+5,b=2*4;　//a 的值被赋为 6，b 的值被赋为 8

（2）宏定义。

在程序的开始，使用“#define”来定义常量。

例如，在进行有关圆的数学计算时，可以使用下面的程序开头。

```
1  #include <iostream>
2  using namespace std;
3  #define  PI 3.14          //宏定义常量PI
```

注意：第 3 行后面不能有分号。

当使用圆周率时，可以直接使用常量 PI 来代替。

1. 修改程序

下面这段程序的功能是把摄氏温度值转换为华氏温度值，其中有两处错误，请你改正。

练习 1

```
1  #include<iostream>
2  using namespace std;
3  int main() {
4      const float N=32;      //定义整型常量N ——— ❶
5      double f,c;            //定义变量f、c
6      cin<<c;                //输入变量c的值 ——— ❷
7      f=1.8*c+N;             //计算华氏温度
8      cout<<f;
9      return 0;
10 }
```

修改程序：①________________

　　　　　②________________

2. 阅读程序写结果

阅读下面的程序，写出运行结果，然后上机验证。

练习 2

```
1  #include <iostream>
2  using namespace std;
3  #define  PI 3.14              //宏定义常量PI
4  int main() {
5      double c,r;               //定义变量c和r
6      cin>>r;                   //输入r的值
7      c=2*PI*r;
8      cout<<c;                  //输出c的值
9      return 0;
10 }
```

输入：10

输出：________________

3. 完善程序

利用公式 $F=mg$ 计算地球上的物体的重力。请补充缺失的语句，使程序完整。

练习 3

```
1  #include <iostream>
2  using namespace std;
3  const float g=9.8;
4  int main() {
5      float ___❶___;
6      cin>>m;
7      ____❷____;
8      cout<<F;
9      return 0;
10 }
```

语句①：________________

语句②：________________

4. 编写程序

月球表面的重力加速度约为地球表面的 1/6。已知月球车的质量是 140kg，地球表面重力加速度是 $9.8m/s^2$，试编写一个名为“yqc.cpp”的程序，输出月球车在月球表面的重力。

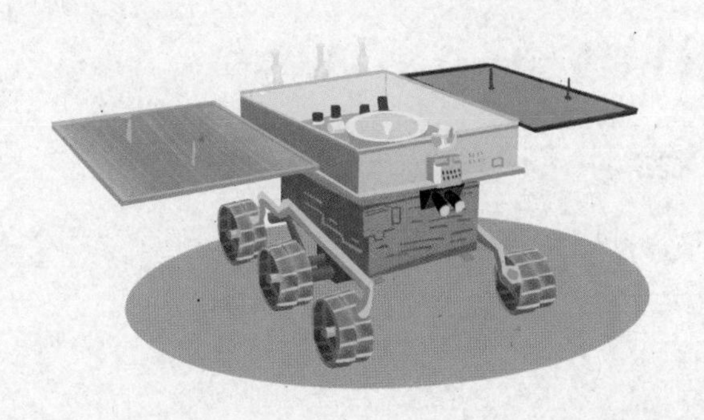

第6课 勾股定理——输入和输出

勾股定理是一个基本的几何定理，指直角三角形的两条直角边的平方和等于斜边的平方。假设 a 和 b 分别表示两条直角边，c 表示斜边，那么就有 $a^2+b^2=c^2$。其实，这个定理能用于解释很多有趣的几何现象。例如，给你两条长短不一的绳子，把短绳固定作为直角三角形的斜边，把长绳拉起构成该直角三角形的两条直角边，只有唯一的一种构造办法，并且该直角三角形的面积也很容易求出来。

编程任务：现在有两条长短不一的绳子，长绳的长度为 s，短绳的长度为 c，你能通过编程求出以 c 为斜边、以 s 为两条直角边构成的直角三角形的面积 area 吗？（结果保留两位小数。）

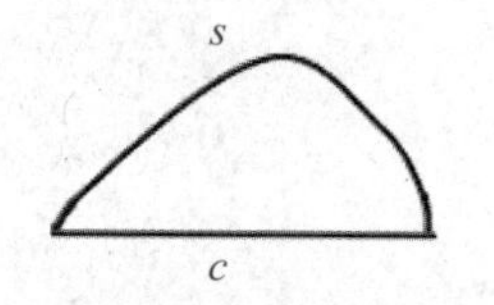

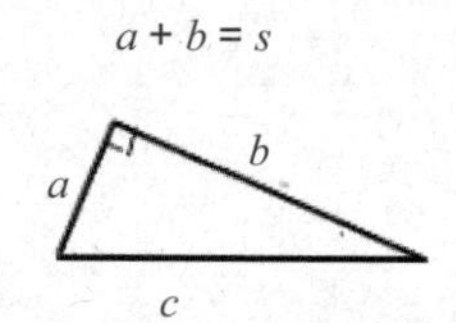

1. 理解题意

本题其实就是利用勾股定理推导直角三角形的面积公式并计算。

2. 问题思考

如何推导直角三角形的面积公式?

问题 2

如何实现输出结果保留两位小数?

3. 算法分析

根据勾股定理公式和题意：

$$a^2+b^2=c^2$$

两直角边的和：

$$s=a+b$$

已知 s 和 c，则三角形的面积 area=$ab/2$。

由平方和公式 $(a+b)^2=a^2+b^2+2ab$，能够推导出三角形的面积 area= $(s^2-c^2)/4$。

本题的求解过程如下。

第 1 步：声明 2 个浮点型变量 s、c。

第 2 步：输入 s、c 的值。

第 3 步：计算面积 area。

第 4 步：输出面积 area（保留两位小数）。

程序流程图如右图所示。

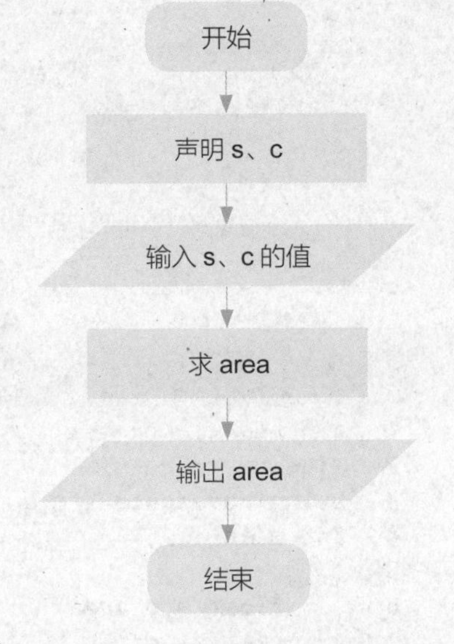

1. 平方的表示

在 C++ 语言中，一个数字的平方运算，可以用这个数字与它本身的乘积来表示，如在本课公式中出现的 s^2 和 c^2，可以直接用表达式 s*s 和 c*c 表示。

2. 保留两位小数

在第1单元中，我们学过cout输出语句，但利用cout输出语句保留两位小数，需要借助复杂的setprecision( )函数。这对初学者来说不容易实现，因此这里我们使用一个新的输出函数printf( )，其语法格式和功能如下。

格式： printf(" 格式控制符 ", 输出列表);
示例： printf("%d",s);
printf("%f",area);

功能： 输出变量的值。不同的变量类型，对应的格式控制符也不一样，如%d对应整型变量，%f对应float型变量。

1. 编程实现

在代码编辑区编写程序代码，并以“2-6-1.cpp 第6课 勾股定理——输入和输出”为文件名保存。

文件名 2-6-1.cpp 第6课 勾股定理——输入和输出

```
1  #include<iostream>              //cin对应的头文件
2  #include<cstdio>                //printf()对应的头文件
3  using namespace std;
4  int main()
5  {
6      float s,c,area;             //声明3个浮点型变量
7      cin>>s>>c;                  //输入s和c的值
8      area=(s*s-c*c)/4;           //计算面积
9      printf("%.2f",area);        //保留两位小数输出
10     return 0;
11 }
```

2. 测试程序

运行程序，输入 7 和 5，输出结果如下图所示。

```
6.00
```

3. 程序解读

本程序中涉及两个头文件，一个是第 1 行语句中的头文件 <iostream>，其作用是确保 cin 正常使用；另一个是第 2 行语句中的头文件 <cstdio>，其作用是确保 printf() 正常使用。此外，第 9 行语句中的“%.2f”的作用是保留两位小数。

4. 易犯错误

在编写本程序时，对变量的声明要根据题意确定变量的数据类型，如三角形面积变量 area 要声明为浮点型；若声明为整型，则会由于精度问题导致结果出错。

1. 流输入（cin）和流输出（cout）

在第 1 单元中，我们使用 cin 和 cout 来实现输入和输出，这种输入和输出的方式就是流输入和流输出的方式，它对应的头文件是 <iostream>。这种输入 / 输出的方式用法简单，没有变量类型限制，在初学编程阶段用得比较多。

2. 格式化输入（scanf( )）和格式化输出（printf( )）

格式化输入和格式化输出也是 C++ 中常用的输入和输出方式，但是它们的用法比流输入和流输出复杂，要考虑不同类型的变量对应的格式控制符。具体的数据类型对应的格式控制符如下表所示。

数据类型	int	long long	float	double	char
格式控制符	%d	%lld	%f	%lf	%c

（1）scanf( ) 输入函数。

格式：scanf(" 格式控制符 ", 变量地址)。

例如，要输入一个整型的变量 a，就可以表示成 scanf ("%d", &a)。其中，“&”为取地址符，“&a”表示取变量 a 的地址。

也可以一次输入多个变量，但要注意格式控制符要和其后面的变量地址一一对应。例如，要输入整型的 a 和浮点型的 b，就可以表示为 scanf("%d%f",&a,&b)。

（2）printf( ) 输出函数。

格式：printf(" 格式控制符 ", 变量名)。

这里的变量不需要取地址。例如，printf("%d,%f",a,b) 表示输出整型变量 a 和浮点型变量 b 的值，中间用英文逗号隔开。

在 printf( ) 函数中，格式控制符里可以有参数，如 %5d，表示输出的整型数字宽度是 5，不足 5 位的用空格补齐；又如 %5.2f，表示输出的浮点型数字宽度是 5，且保留两位小数。

在 printf( ) 函数中，双引号里面的内容，除格式控制符及参数以外，其他字符会原样输出，一般是在显示时起提示作用。如 printf ("answer=%f",b)，其中“answer=”会原样输出，起提示作用。

1. 修改程序

下面这段程序的功能是输入 3 个数字，然后输出这 3 个数字的和，其中有两处错误，请你改正。

练习 1

```
1  #include<cstdio>                          ❶
2  using namespace std;
3  int main(){
4     int num1,num2,num3;
5     cin>>num1>>num2>>num3;
6     cout<<num1+nun2+num3<<endl;           ❷
7     return 0;
8  }
```

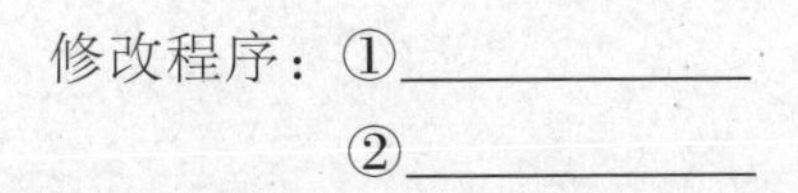

修改程序：①____________

②____________

2. 阅读程序写结果

阅读下面的程序，写出运行结果，然后上机验证。

练习 2

```
1   #include<cstdio>
2   using namespace std;
3   int main()
4   {
5       int a,b,c;
6       scanf("%d%d%d",&a,&b,&c);
7       s=a+b+c;
8       printf("%d+%d+%d=%d",a,b,c,s);
9       return 0;
10  }
```

输入：8 7 5

输出：____________

3. 完善程序

下面这段程序的功能是输入 3 个整数，然后输出这 3 个数字的和与平均值（保留一位小数）。请在横线处补充缺失的语句，使程序完整。

练习 3

```
1   #include<iostream>
2   _______❶_______         //格式化输入和输出的头文件
3   using namespace std;
4   int main()
5   {
6       int a,b,c;
7       ____❷____ ave;      //声明平均值变量
8       cin>>a>>b>>c;
9       ave=(a+b+v)/3.0;
10      printf("__❸__",ave);//输出(保留一位小数)
11      return 0;
12  }
```

语句①：____________

语句②：____________

语句③：____________

4．编写程序

试编写一个名为“circle.cpp”的程序，实现输入一个表示圆的半径的整数，输出该圆的面积（注意：变量的数据类型，圆周率 π 取值 3.1416，圆面积保留两位小数）。

第7课

凯撒密码——字符运算

传说在古罗马的一次战斗中，凯撒大帝发现敌方部队正向罗马城推进，于是他向前线司令官发出了一封救援密信，其内容为VWRS WUDIILF。敌方情报人员翻遍英文字典，也查不出密信中这两个词的含义。而古罗马前线司令官却很快明白了这封密信的含义，因为凯撒大帝同时又发出了另一条指令：前进3步。司令官根据这条指令，很快译出了前面那封密信。原来"前进3步"其实是一个提示，就是将每个字母向前移动3位，推算出的结果就是STOP TRAFFIC（暗示部队停止前进，返回城池）。

凯撒密码是古罗马最早的加密技术，它是一种代换密码，即将字母向前或向后移动一定的位数实现加密或解密。

编程任务：试编写一个程序，使用键盘输入一个字母，输出通过凯撒密码加密后对应的字母。

1. 理解题意

在故事中，向前移动是解密的操作。如果要加密，就是向后移动，把字母替换成相应的字母。替换规则只有发送方和接收方知道，这里的规则是把字母向后移动 3 位，得到要替换的加密字母。对于字母表中最后的字母，要特殊处理。

2. 问题思考

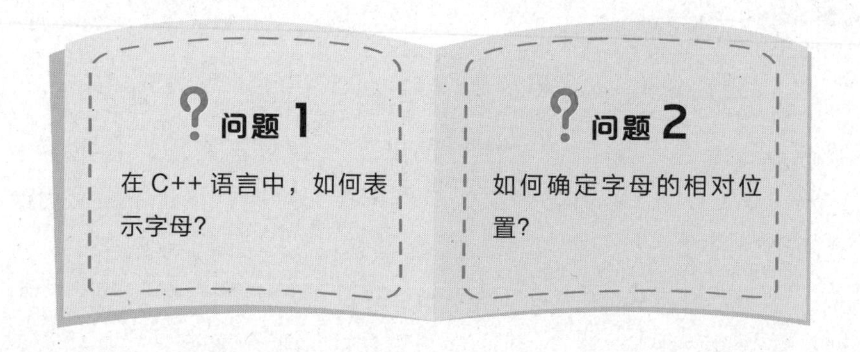

3. 算法分析

首先定义字符型变量，用于保存字母。加密的过程是字母相对位置向后移动的过程。但是，有时字母移动位置会超出字母表范围，超出后，应返回到字母表的开头，重新定位相应的字母。

求解过程如下。

第 1 步：定义字符型变量 m、c。

第 2 步：输入 m 的值。

第 3 步：加密处理。

第 4 步：输出 c 的值。

程序流程图如右图所示。

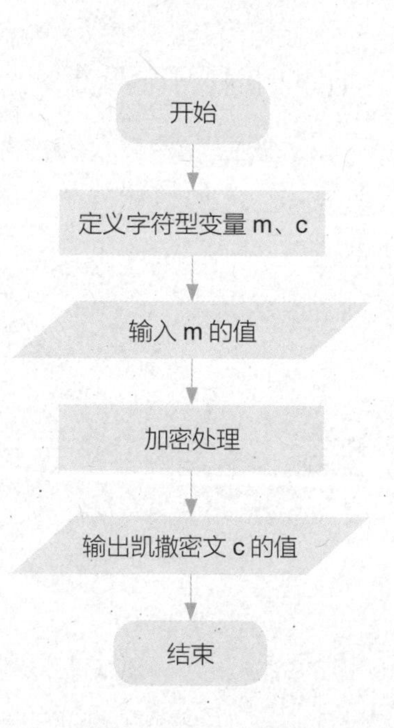

1. ASCII 值

ASCII（American Standard Code for Information Interchange，美国信息交换标准代码）是基于拉丁字母的一套计算机编码系统，主要用于显示现代英语和其他西欧语言。ASCII 是现今通用的单字节编码系统，涵盖了所有的大写和小写字母、数字 0 ~ 9、标点符号以及在美式英语中使用的特殊控制字符。下表按顺序列举了英文大小写字母及其对应的 ASCII 值。

ASCII 值	字符	ASCII 值	字符	ASCII 值	字符
65	A	83	S	107	k
66	B	84	T	108	l
67	C	85	U	109	m
68	D	86	V	110	n
69	E	87	W	111	o
70	F	88	X	112	p
71	G	89	Y	113	q
72	H	90	Z	114	r
73	I	97	a	115	s
74	J	98	b	116	t
75	K	99	c	117	u
76	L	100	d	118	v
77	M	101	e	119	w
78	N	102	f	120	x
79	O	103	g	121	y
80	P	104	h	122	z
81	Q	105	i		
82	R	106	j		

2. 字符型变量

（1）字符型变量的定义。

字符型（char）是只可容纳单个字符的一种基本数据类型。单个字符用单引号标识，定义字符型变量的语法格式如下。

格式： char 变量名；
示例： char ch='A'; // 将大写字母 A 赋值给变量 ch

功能： 定义变量为字符型，用于保存单个字符。

（2）字符型数据的存储。

计算机存储字符型数据，实质上存储的是该字符所对应的 ASCII 值。如果以“%c”格式输出，则输出字符；如果以“%d”格式输出，则输出整数。例如：

```
char ch='A';
printf("%c",ch);        // 输出字符 A
printf("%d",ch);        // 输出整数 65
```

3. 字母位置运算

由上文可知，字符变量可以参与一些运算。例如：

```
ch='A'+1;        // 从字母 A 的位置向后移动 1 个位置，就是字母 B
ch='E'-'A'       // 字母 E 和字母 A 之间的位置相差 4
```

假设字母 A 的位置为 0，则字母 E 的位置就是 4，字母 Z 的位置就是 25。对字母加密就是在该字母的位置的基础上向后移动。如从字母 A 的位置移动 3 个位置，加密后为字母 D。

但是，如果从字母 Z 的位置向后移动 3 个位置会超出字母表范围，此时必须返回到字母 A 的位置重新定位。我们采用“除 26 取余”的方式得到要移动的位置，则可以这样分步骤计算。

第 1 步：求字母 Z 到字母 A 的相对位置差，'Z'-'A' 值为 25。

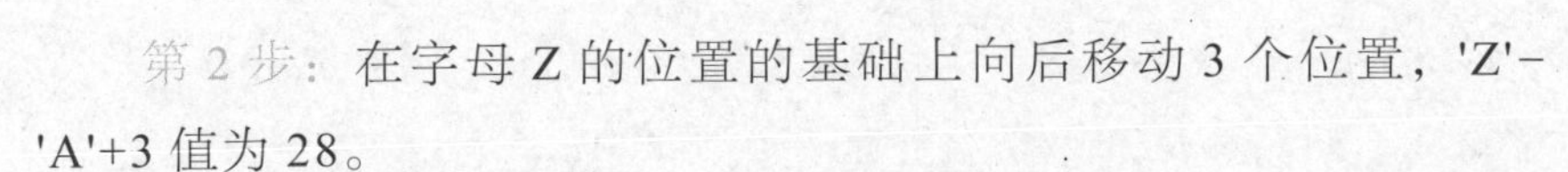

第2步：在字母Z的位置的基础上向后移动3个位置，'Z'-'A'+3值为28。

第3步：计算相对字母A要向后移动的位置量，('Z'-'A'+3)%26的值为2。

第4步：确定相对字母A向后移动的位置，('Z'-'A'+3)%26+'A'的值为67。

67正好是字母C的ASCII值，所以给字母Z加密后，就变成了字母C。

1. 编程实现

在代码编辑区编写程序代码，并以“2-7-1.cpp 第7课　凯撒密码——字符运算”为文件名保存。

文件名　2-7-1.cpp　第7课　凯撒密码——字符运算

```
1  #include <iostream>
2  using namespace std;
3  int main() {
4      char m,c;                 //声明字符型变量
5      cin>>m;                   //输入字母
6      c=(m-'A'+3)%26+'A';       //加密字母
7      cout<<c;                  //输出加密后的字母
8      return 0;
9  }
```

2. 测试程序

运行程序，通过键盘分别输入字母S、T，程序输出结果如下图所示。

```
S
V
--------------------------------
Process exited after 2.794 seconds with return value 0
请按任意键继续. . .
```

```
T
W
--------------------------------
Process exited after 3.433 seconds with return value 0
请按任意键继续. . .
```

说明：输入字母 S，向后移动 3 个位置，加密为字母 V；输入字母 T，向后移动 3 个位置，加密为字母 W。

3. 程序解读

在本程序中，第 4 行定义了两个字符型变量 m 和 c，分别用于存放加密前的字母和加密后的字母。第 6 行使用加密规则把 m 中的字母加密（向后移动 3 个位置），并将加密后的字母赋值给 c。

4. 易犯错误

在 C++ 中，变量 A 和字符 'A' 的含义是不同的。字符一定要用单引号标识。此外，本程序第 6 行中的表达式中一定不要忘了加圆括号。

5. 程序改进

这里也可以把变量定义为整型，但需采用格式化输入和输出，那么上述程序修改后的效果如下图所示。

文件名 2-7-2.cpp 第 7 课 凯撒密码——字符运算

```
1  #include <cstdio>
2  using namespace std;
3  int main()
4  {
5      int m,c;                 // 声明整型变量
6      scanf("%c",&m);          // 输入字母
7      c=(m-'A'+3)%26+'A';      // 加密字母
8      printf("%c",c);          // 输出加密后的字母
9      return 0;
10 }
```

1. 字符常量

字符常量是用单引号标识的单个普通字符或转义字符。

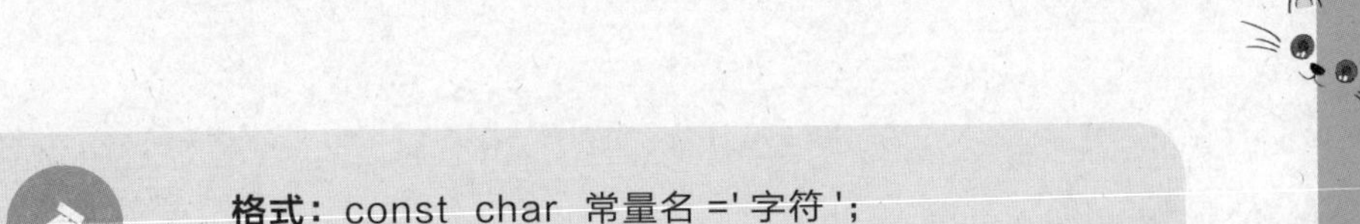

格式： const char 常量名 =' 字符 ';

功能： 定义字符型常量，并赋值。

● 普通字符：用单引号标识的一个字符，如 'b'、'y'、'?'。字符常量被存储在计算机的存储单元中时，是以其 ASCII 值的形式存储的。

● 转义字符：C++ 中一种特殊的字符常量，其可以将反斜杠（\）后面的字符转换成另外的含义。例如，\n 代表换行，\r 代表回车。

C++ 中规定，所有的字符常量都被作为整型常量来处理。

2. 字符的输入和输出

方式 1：可以采用 cin 和 cout 语句输入和输出单个字符，语法格式参见本案例程序。

方式 2：使用 getchar( ) 和 putchar( ) 函数输入和输出单个字符。例如，char m=getchar( )，表示输入一个字符并赋值给字符型变量 m；putchar(c) 表示输出字符型变量 c 中的字符。

方式 3：采用格式化输入和输出。格式化输入和输出的用法比较灵活，具体应用参见本案例中的“程序改进”。

练武功

1. 修改程序

下面这段程序是由凯撒密码程序改进的加密程序，可实现输入大写字母和 key 的值，输出加密后的大写字母的功能。其中有两处错误，请你改正。

练习 1

```
1  #include <iostream>
2  using namespace std;
3  int main()
4  {
5      int key;                    //声明整型变量
6      char m,c;                   //声明字符型变量
7      getchar(m);                 //输入字母          ❶
8      cin>>key;                   //输入移动次数
9      c=(m-'a'+key)%26+'A';       //加密字母          ❷
10     putchar(c);                 //输出加密后的字母
11     return 0;
12 }
```

修改程序：①________________

②________________

2．阅读程序写结果

下面这段程序的功能是对 ASCII 表中的部分字母进行操作，请写出该程序的运行结果。

练习 2

```
1  #include<iostream>
2  using namespace std;
3  int main()
4  {
5      char c1,c2,c3,c4;
6      c1=70;
7      c2=65;
8      c3=97;
9      c4=c1+32;
10     cout<<c1<<' '<<c2<<' '<<c3<<' '<<c4<<endl;
11     return 0;
12 }
```

输出：________________

3．完善程序

下面这段程序的功能是对字母和数字类字符进行相关运算。请在横线处补充缺失的语句，使程序完整。

练习 3

```
1  #include<iostream>
2  using namespace std;
3  int main()
4  {
5      const char zero=❶;//对zero赋值为字符0
6      char c1='b',c2='H'; //对c1、c2赋值
7      int num1,num2;
8      c1=  ❷  ;              //把c1转为大写字母
9      c2=c2+32;              //把c2转为小写字母
10     num1='8'-zero;         //把字符8转为数值8
11     num2='p'-'a';
12     printf("%c %c\n%d %d",c1,c2,num1,num2);
13     return 0;
14 }
```

语句①：________________

语句②：________________

4. 编写程序

试编写一个名为“ascii.cpp”的程序，当输入 33 ~ 125 的任意一个十进制整数时，输出 ASCII 表中对应的字符。

例如，输入 33，输出！；输入 97，输出 a。

第3单元 披沙拣金——选择结构

现实生活中，我们经常会根据不同的条件做出不同的选择。例如，我们会根据天气的阴晴选择是否外出，根据室内光线的明暗选择开关电灯……在编写程序、解决问题的时候，同样会面临选择，需要根据条件进行判断，选择相应的操作。

选择结构就是一种解决计算机编程中根据不同条件进行不同操作问题的控制结构。选择结构将通过对给定条件进行判断，来确定执行哪个分支语句。C++ 中提供了 3 种选择结构，即单分支选择结构——if 语句，双分支选择结构——if-else 语句和多分支选择结构——switch 语句。

学习内容

- 第 8 课　密码锁之谜——if 语句
- 第 9 课　久违的派对——if-else 语句
- 第 10 课　人机大比拼——if 语句的嵌套
- 第 11 课　快乐的周末——switch 多分支语句

第8课 密码锁之谜——if语句

扫一扫，看视频

最近陈明家因为门锁钥匙麻烦不断：妈妈出门倒垃圾，一阵风吹过，门被关上了，妈妈被锁在了门外；因家里没人或陈明隔三岔五地丢钥匙，他常常被“拒之门外”；一家人出门运动，身上挂着一大串钥匙不方便……为了解决这些麻烦，这天，爸爸请来了装锁师傅，给家里的大门安装了一个密码锁。爸爸告诉陈明六位数的开门密码，陈明输入密码，大门立即自动打开。爱思考的陈明立即研究起密码锁的解锁原理，并编写出了密码锁根据密码开门的程序。

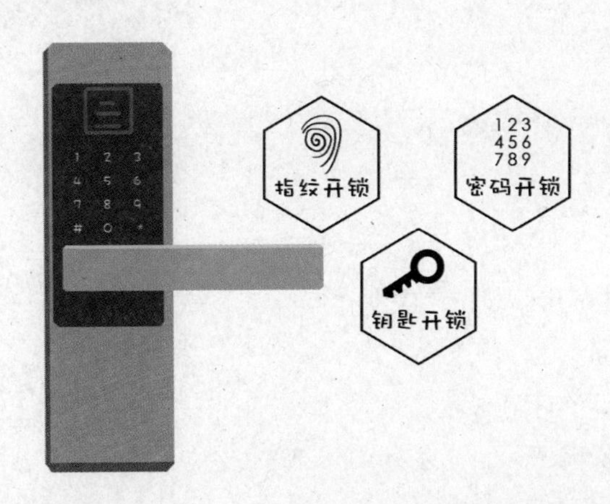

编程任务：已知设定密码，输入开门密码，判断密码锁能否被打开。

1. 理解题意

判断输入的开门密码与设定密码是否相等，如果两者相等，密码锁被打开，大门自动打开。

2. 问题思考

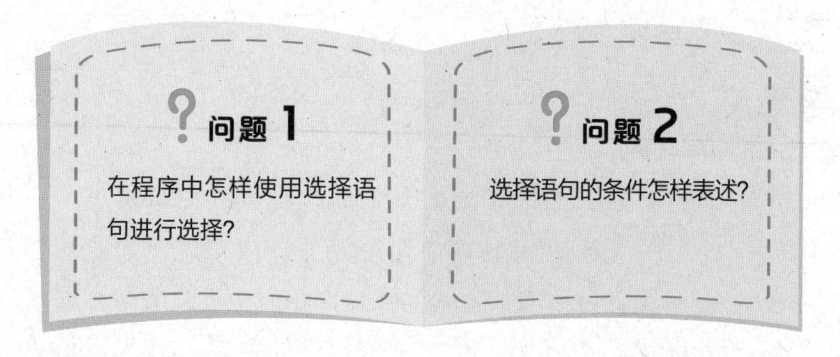

3. 算法分析

依次输入六位数的设定密码和开门密码，判断两者是否相等。如果两者相等，则输出开门提示。求解过程如下。

第 1 步：输入六位数的设定密码 a 和开门密码 b，a、b 均为整型变量。

第 2 步：如果设定密码 a 和开门密码 b 的值相等，则输出开门提示。

第 3 步：结束程序。

程序流程图如右图所示。

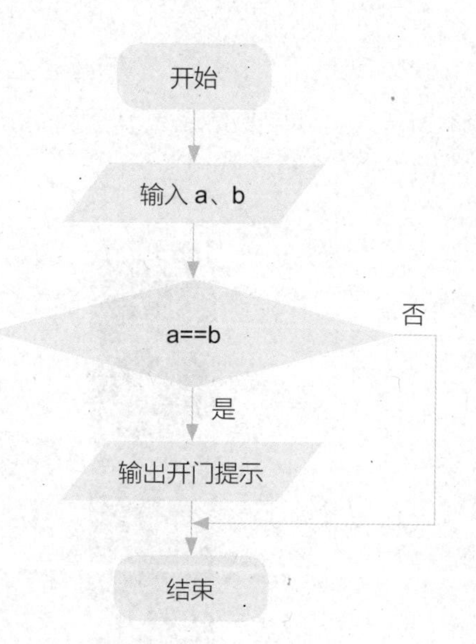

1. if 语句

在 C++ 中，if 语句有两种基本形式：单分支 if 语句和双分支 if-else 语句。本课重点介绍单分支 if 语句，其语法格式及功能如下。

格式： if（表达式）
　　　语句；

功能： 表达式是给定的条件。if 语句首先判断条件是否成立，如果条件成立，即当表达式的值为真（非 0）时，则执行语句，否则执行 if 语句的下一条语句。

如果条件成立后执行的语句不止一条，即分支语句为复合语句，则此时就要借助花括号“{}”标识要执行的复合语句。

if 语句执行的流程图如下图所示。

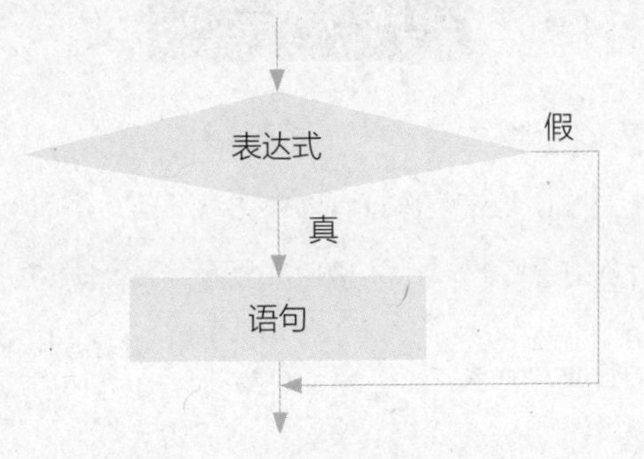

2. 判断变量 a、b 的值是否相等

使用关系运算符“==”将两个变量 a、b 连接起来，构成关系表达式“a==b”，并将其作为 if 语句的表达式。如果变量 a 和变量 b 的值相等，则表达式的值为真，执行 if 语句中的分支语句；反之，表达式的值为假，执行 if 语句的下一条语句。

1. 编程实现

在代码编辑区编写程序代码，并以“3-8-1.cpp 第 8 课　密码锁之谜——if 语句”为文件名保存。

文件名　3-8-1.cpp　第 8 课　密码锁之谜——if 语句

```
1  #include <iostream>
2  using namespace std;
3  int main(){
4      int a,b;
5      cin>>a>>b; //输入设定密码a和开门密码b
6      if(b==a)   //判断两个密码的值是否相等
7         cout<<"密码正确，密码锁开门"<<endl;
8                  //密码正确，输出开门提示
9      return 0;}
```

2. 测试程序

运行程序，依次输入 a、b 的值：201919、201919。程序运行结果如下图所示。

```
201919 201919
密码正确，密码锁开门
```

3. 程序解读

本程序中，第 6 行使用 if 语句判断开门密码是否正确，判断条件“b==a”为关系表达式。第 7 行是条件成立时要进行的处理动作，即输出“密码正确，密码锁开门”，反之则不进行任何处理。

4. 易犯错误

本程序中，第 6 行 if 语句的判断条件“b==a”为关系表达式，“==”为关系运算符。如果将条件写成“b=a”，程序就会出错。if 语句的表达式要用圆括号标识，并且表达式的圆括号后面（第 6 行末）是没有分号的，因为在这里选择语句并没有结束，所以不能有分号，否则将执行空操作。

5. 拓展应用

在使用 if 语句时，关键字 if 后面要紧跟表达式。if 语句的表达式可以是整型常量、整型变量、布尔型常量、布尔型变量，也可以是关系表达式或逻辑表达式。if 语句的表达式的值为逻辑值，有“真”和“假”两个值。在 C++ 中，数值非 0 表示“真”，数值为 0 表示“假”。

在 C++ 中，布尔型又叫作逻辑型，布尔型变量用关键字 bool 定义，其值只有两个：true（真）和 false（假）。true 和 false 为布尔型常量。if 语句的表达式的值为布尔型的用法如下。

```
#include <iostream>
using namespace std;
int main()
{
    int a,b;
    bool flag;            //定义布尔型变量 flag
    cin>>a>>b;
    flag=a>b;             //将表达式 a>b 的值赋给 flag
    if(flag)              //当布尔型变量 flag 的值为 true 时，执行 if 语句
      cout<<"a 大于 b"<<endl;
     return 0;
}
```

1. 关系运算符

在程序设计中，还有许多类似“b==a”这样的判断条件，判断时需要对数据进行比较，其中进行比较的符号称为关系运算符。在 C++ 中，关系运算符有 6 种，如下表所示。

名称	小于	小于等于	大于	大于等于	等于	不等于
符号	<	<=	>	>=	==	!=

关系运算符的运算优先级如下图所示。

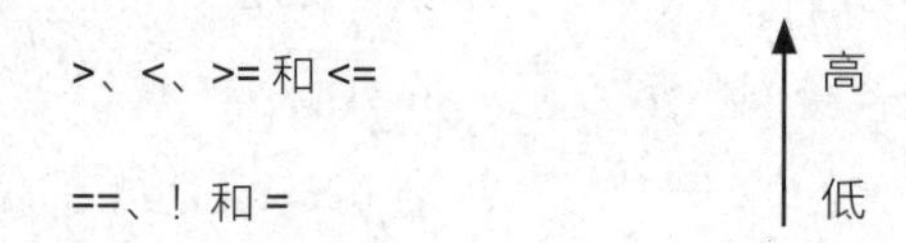

2. 关系表达式

用关系运算符将两个表达式连接起来的式子，称为关系表达式。关系表达式的值是一个逻辑值，即“真”或“假”。在条件判断中，如果关系表达式的值为“真”，则表示条件成立；如果关系表达式的值为“假”，则表示条件不成立。例如，关系表达式“3==0”的值为“假”，“3>=0”的值为“真”。

1. 修改程序

下面这段代码用于判断输入的整数是否为偶数，其中有两处错误，快来改正吧！

练习 1

```
1  #include <iostream>
2  using namespace std;
3  int main(){
4      int n;
5      cin>>n;            //输入变量n的值
6      if(n%2=0);         //判断n是否为偶数  ❶ ❷
7        cout<<n<<"是偶数"<<endl;
8      return 0;
9  }
```

修改程序：①__________________

②__________________

2. 阅读程序写结果

阅读下面的程序，根据输入的数据，写出程序的运行结果。

练习 2

```
#include <iostream>
using namespace std;
int main(){
    int a,b,temp;
    cin>>a>>b;           //输入变量a和b的值
    if(a>b)              //判断a是否大于b
      { temp=a;
        a=b;
        b=temp;
      }                   //用{}把复合语句括起来
    cout<<a<<" "<<b<<endl; //输出变量a和b的值
    return 0;
 }
```

输入：15 3

输出：________________

3. 编写程序

编写一个程序，当输入一个整数时，输出这个整数的绝对值。

提示：正数的绝对值是它本身，负数的绝对值是它的相反数。

第9课

久违的派对——if-else语句

谢菲出生在公历2012年2月29日，出生以来，她只在2016年日历上找到了自己的公历生日。妈妈告诉谢菲，在公历中，“四年一闰、百年不闰、四百年又闰”。闰年的2月有29天，全年为366天；平年的2月有28天，全年为365天。谢菲刚好出生在2月29日，平年的2月没有29日。2020年，谢菲8周岁，请你帮谢菲算一算她能否在2020年的公历生日那天举办生日派对。

2月29日
终于过生日了

编程任务： 输入年份，如2020，判断该年份是闰年还是平年。

1．理解题意

根据闰年判定方法“四年一闰、百年不闰、四百年又闰”，判断输入的年份是否为闰年。如果该年份为闰年，则谢菲可以在公历生日那天举办生日派对；否则，该年份为平年，谢菲无法在公历生日那天举办生日派对。

2．问题思考

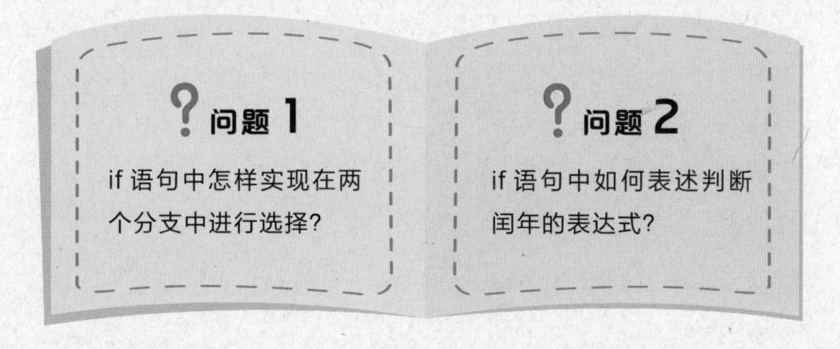

3．算法分析

输入年份，根据判断闰年的条件，判断输入的年份是否为闰年。如果是闰年，则输出“可以举办生日派对”；如果不是闰年，则输出“不可以举办生日派对”。求解过程如下。

第 1 步：输入年份 y，y 为整型变量。

第 2 步：判断年份 y 是否为闰年。如果年份 y 是闰年，则输出“可以举办生日派对”；如果年份 y 不是闰年，则输出“不可以举办生日派对”。

第 3 步：结束程序。

程序流程图如下页图所示。

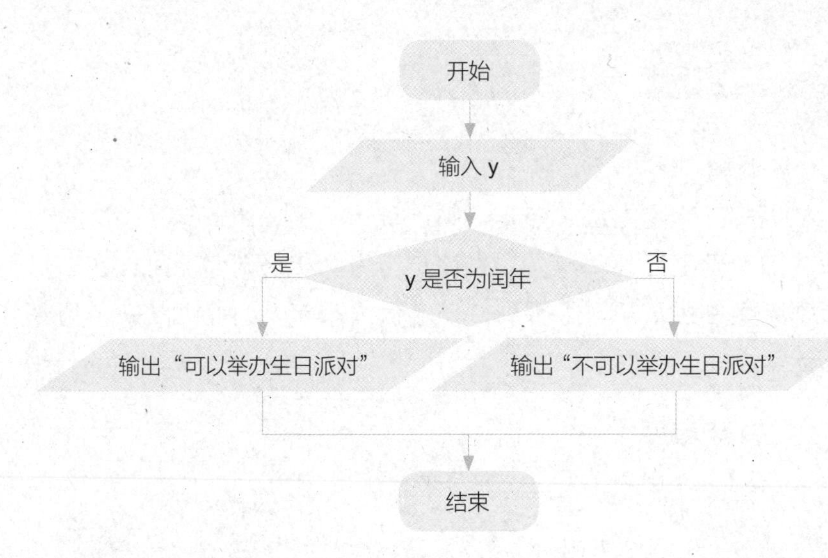

1. if-else 语句

在 C++ 中，双分支 if-else 语句的语法格式及功能如下。

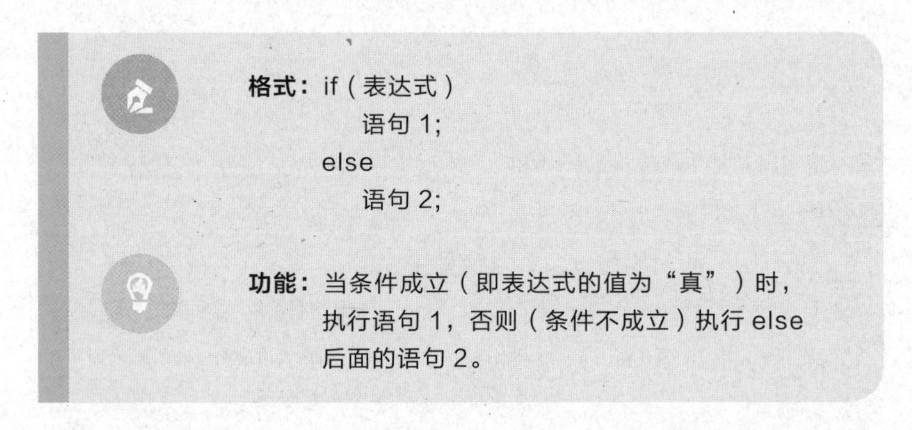

格式：

```
if ( 表达式 )
    语句 1;
else
    语句 2;
```

功能： 当条件成立（即表达式的值为“真”）时，执行语句 1，否则（条件不成立）执行 else 后面的语句 2。

if-else 语句中的 else 的中文意思为“否则”“其他”。在 C++ 中，else 一般与 if 语句搭配使用，表示 if 的相反情况。

如果分支中的语句 1 或语句 2 是复合语句，则要借助花括号标识要执行的所有语句。

if-else 语句执行的流程图如下页图所示。

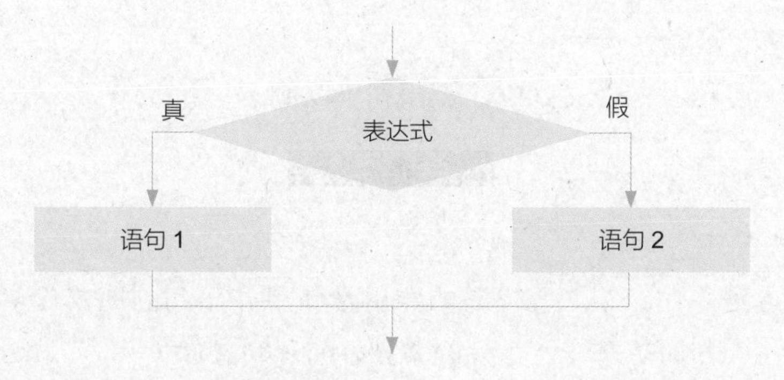

2. 判断闰年的表达式

根据“四年一闰、百年不闰、四百年又闰”，判断闰年的条件：① 年份 y 能整除 4，但不能整除 100；② 年份 y 能整除 400。

在 C++ 中，“年份 y 能整除 4，但不能整除 100”的条件表达式为 y%4==0&&y%100!=0；“年份 y 能整除 400”的条件表达式为 y%400==0。“年份 y 能整除 4，但不能整除 100”与“年份 y 能整除 400”两个条件构成“或”的关系，条件表达式为 y%4==0&&y% 100!=0||y%400==0。

1. 编程实现

在代码编辑区编写程序代码，并以“3-9-1.cpp 第 9 课　久违的派对——if-else 语句”为文件名保存。

文件名　3-9-1.cpp　第 9 课　久违的派对——if-else 语句

```
1  #include <iostream>
2  using namespace std;
3  int main(){
4      int y;
5      cin>>y;                          //输入年份y
6      if(y%4==0&&y%100!=0||y%400==0)   //判断y是否为闰年
7          cout<<"可以举办生日派对"<<endl; //是闰年
8      else
9          cout<<"不可以举办生日派对"<<endl; //不是闰年
10     return 0;}
```

2. 测试程序

运行程序，输入 2020，结果如下图所示。

可以举办生日派对

3. 程序解读

本程序中，第 6 行代码的作用是使用 if 语句判断年份 y 是否为闰年，判断条件“y%4==0&&y%100!=0||y%400==0”为逻辑表达式。第 7 行代码的作用是当 if 语句的表达式的值为“真”时所要执行的分支语句，即输出“可以举办生日派对”；第 9 行代码的作用是当 if 语句的表达式的值为“假”时所要执行的分支语句，即输出“不可以举办生日派对”。

4. 易犯错误

本程序中，易犯的错误是把判断闰年的条件简单地理解为年份 y 能整除 4，即 y%4==0。闰年分为普通闰年和世纪闰年，普通闰年是年份值为 4 的倍数但不是 100 的倍数的年份，条件表达式为 y%4==0&&y%100!=0；世纪闰年是年份值为 400 的倍数的年份，如 2000 年是闰年，1000 年不是闰年，条件表达式为 y%400==0。两种闰年情况合起来的条件表达式为 y%4==0&&y%100!=0||y%400==0。

5. 拓展应用

在使用 if-else 语句时，关键字 if 后面要紧跟表达式，if 后面的语句是当表达式的值为“真”时要执行的语句；关键字 else 需配合关键字 if 使用，不可以单独使用。else 后面不可以直接跟表达式，else 后面的语句为 if 后面紧跟的表达式的值为“假”时要执行的语句。对于单分支 if 语句，语句有可能不被执行；对于双分支 if-else 语句，if 后面的语句 1 和 else 后面的语句 2 只能选且必选其一执行。

下面给出判断闰年的程序的另外一种写法，请分析该程序中有几个分支语句。

```
#include <iostream>
using namespace std;
int main(){
  int y;
  cin>>y;
  if(y%400==0)                         //y 能整除 400
    cout<<y<<"是闰年"<<endl;
  else
    if(y%4==0)                         //y 能整除 4
      if(y%100!=0)                     //y 能整除 4 且不能整除 100
        cout<<y<<"是闰年"<<endl;
      else
        cout<<y<<"不是闰年"<<endl;
    else
      cout<<y<<"不是闰年"<<endl;
return 0;
}
```

1. 闰年的由来

地球绕太阳运行的周期为 365 天 5 小时 48 分 46 秒（合 365.24219 天），即 1 回归年。公历的平年只有 365 天，比回归年短约 0.2422 天，余下的时间约为每 4 年累计 1 天，故第 4 年于 2 月末加 1 天，使当年的历年长度为 366 天，这一年就为闰年。现行公历中每 400 年有 97 个闰年。按照每 4 年有 1 个闰年来计算，平均每年就要多出 0.0078 天，这样经过 400 年就会多出大约 3 天来，因此每 400 年中要减少 3 个闰年。所以公历年规定：年份是整百数时，必须是 400 的倍数才是闰年；不是 400 的倍数的世纪年，即使是 4 的倍数也不是闰年。于是有“四年一闰、百年不闰、四百年又闰”的说法。

2. 逻辑运算

在选择结构的条件判断中，如果存在多个条件判断，且多个条件判断之间存在“并且”“或者”等关系时，需要用逻辑运算符连接各个条件判断构成关系表达式。在 C++ 中，有 3 种逻辑运算符，如下表所示。

名称	逻辑非	逻辑与	逻辑或
符号	!	&&	||
用法	将其后面的关系表达式的值取反	连接的两个关系表达式都成立时，整体才成立	连接的两个关系表达式只要有一个成立，整体就成立

用逻辑运算符将关系表达式连接起来的式子，称为逻辑表达式。逻辑表达式的值为逻辑值，即“真”或“假”。在条件判断中，如果逻辑表达式的值为“真”，则表示条件成立；如果逻辑表达式的值为“假”，则表示条件不成立。

下表所示为逻辑运算为“真”和“假”的取值表，约定 A、B 为两个条件，值为 0 表示“假”，即条件不成立；值为 1 表示“真”，即条件成立。

A 的取值	B 的取值	A&&B 结果	A || B 结果	!A 结果
0	0	0	0	1
0	1	0	1	1
1	0	0	1	0
1	1	1	1	0

1. 修改程序

下面这段程序的功能是判断输入的字符 ch 是否为大写字母，其中有两处错误，快来改正吧！

练习 1

```
1  #include <iostream>
2  using namespace std;
3  int main(){
4    char ch;
5    cin>>ch;                  //输入字符ch
6    if(ch>='A'||ch<='Z')  //判断ch是否为大写字母 ❶
7      cout<<"ch是大写字母"<<endl; //输出ch是大写字母
8    else;  ________________________________ ❷
9      cout<<"ch不是大写字母"<<endl;//输出ch不是大写字母
10   return 0;}
```

修改程序：①________________

②________________

2. 阅读程序写结果

阅读下面的程序，根据输入数据，写出程序的运行结果。

练习 2

```
1  #include <iostream>
2  using namespace std;
3  int main(){
4     int a,b,c,temp;
5     cin>>a>>b>>c;       //输入a、b、c
6     if(a>b) temp=a;    //判断a是否大于b
7     else temp=b;
8     if(c>temp) temp=c; //判断c是否大于temp
9     cout<<temp<<endl; //输出temp
10 return 0;
11 }
```

输入：6 5 9

输出：________________

3. 编写程序

编写一个程序，当输入三角形的 3 条边 a、b、c 的值时，程序自动判断这 3 条边能否构成三角形并输出判断结果。

第10课

人机大比拼——if语句的嵌套

陈明经常和同学玩猜拳游戏，游戏中有剪刀、石头、布3个手势，输赢规则是剪刀赢布，布赢石头，石头赢剪刀。酷爱编程的陈明准备编写一个人机大比拼的程序，与计算机玩猜拳游戏。陈明用数字1、2、3分别表示手势中的石头、剪刀、布。游戏开始时，陈明输入1、2、3中的一个数字代表他做出的手势，然后获得计算机做出的手势，根据游戏规则，判断陈明与计算机比拼的结果：胜利、失败或平局。

编程任务： 输入一个整数（范围为1 ~ 3），输出陈明与计算机比拼的结果（胜利、失败、平局3种情况之一）。

1. 理解题意

编写一个人与计算机比拼的猜拳游戏。程序中用数字 1、2、3 分别表示手势中的石头、剪刀、布，输入 1、2、3 中的任意一个数字代表人做出的手势，计算机做出的手势由计算机随机自动产生。根据人与计算机做出的手势和游戏规则，判断人与计算机比拼的结果。结果有 3 种情况：人机平局、人赢机输、人输机赢。输出 3 种情况中的一种。

2. 问题思考

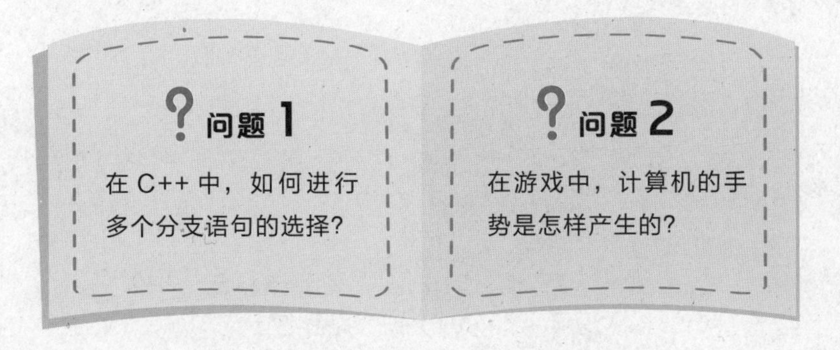

3. 算法分析

输入 1、2、3 中的任意一个数字 r，代表人做出的手势；计算机随机产生 1、2、3 中的一个数字 j，代表计算机做出的手势。根据 r、j 的值和游戏规则，判断人与计算机比拼的结果，并输出比拼结果。结果为以下 3 种情况之一：① 当 r==j 时，输出 r、j，平局；② 当 r==1&&j==2||r==2&&j==3||r==3&&j==1 时，输出 r、j，陈明胜利；③ 除①和②两种情况外，输出 r、j，陈明失败。求解过程如下。

第 1 步：输入一个整数 r，r 的范围为 [1,3]，代表人做出的手势。

第 2 步：计算机随机产生一个整数 j，j 的范围为 [1,3]，代表计算机做出的手势。

第 3 步：根据 r、j 的值，如果表达式 r==j 的值为真，则输出 r、

j，平局，转至第 5 步，结束程序；反之，则转至第 4 步，继续进行判断。

第 4 步：根据游戏规则，如果表达式 r==1&&j==2||r==2&&j==3||r==3&&j==1 的值为真，则输出 r、j，陈明胜利；反之，则输出 r、j，陈明失败。

第 5 步：结束程序。

程序流程图如下图所示。

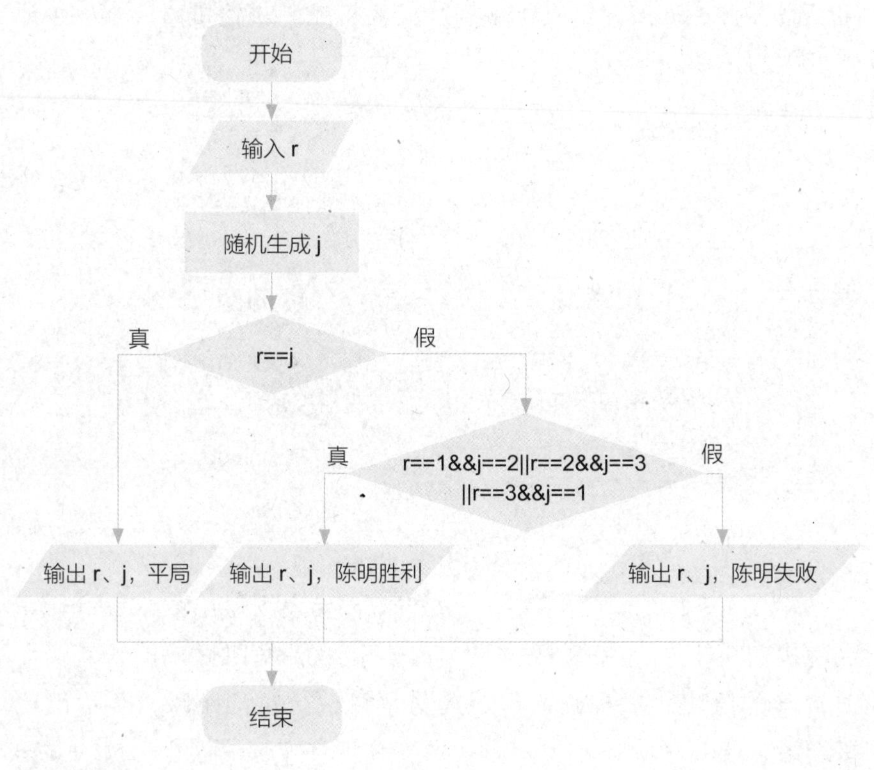

1. if 语句的嵌套

if 语句的嵌套是指在 if 语句中又包含一个或多个 if 语句，用于包含 3 个或 3 个以上分支结构的程序中。拥有 3 个分支结构的嵌套的 if 语句的一般语法格式和功能如下。

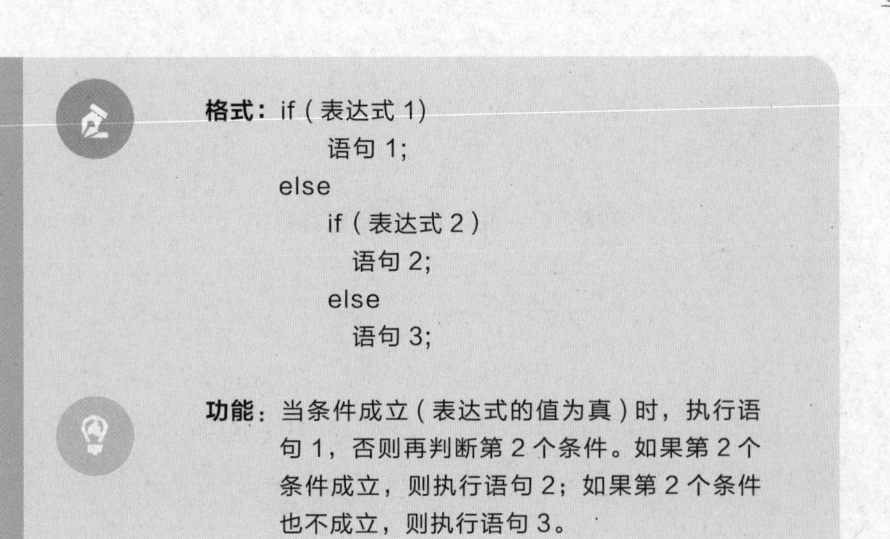

格式：

```
if（表达式 1）
    语句 1;
else
    if（表达式 2）
      语句 2;
    else
      语句 3;
```

功能：当条件成立（表达式的值为真）时，执行语句 1，否则再判断第 2 个条件。如果第 2 个条件成立，则执行语句 2；如果第 2 个条件也不成立，则执行语句 3。

拥有 3 个分支结构的嵌套的 if 语句执行的流程图如下图所示。

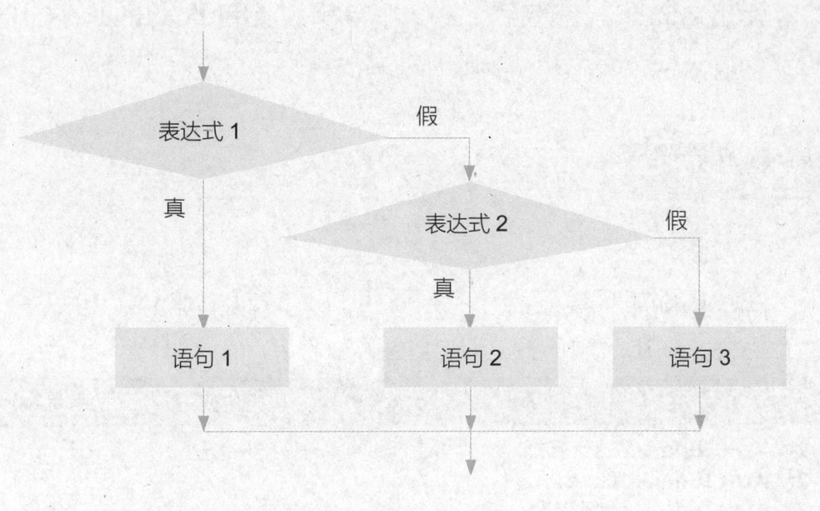

2. 生成随机数

在 C++ 中，若要生成随机数，需用到 rand( ) 函数和 srand( ) 函数。

使用 rand( ) 函数时，需要在程序中使用 #include<cstdlib> 引入头文件。rand( ) 函数的一般语法格式和功能如下。

格式：rand( )%n+a

功能：产生 [a,a+n) 的随机整数。

若要产生 [a,a+n] 的随机整数，可以使用 rand( )%(n+1)+a。

通常使用 srand(time(NULL)) 或 srand(time(0)) 设置当前的系统时间为随机数种子，使得 rand( ) 函数每次生成随机数据。例如，生成 [1,3] 的随机整数的程序如下：

srand(time(0)); // 设置当前的系统时间为随机数种子

j=rand( )%3+1; //j 为 [1,3] 的随机整数

使用 srand( ) 函数时，需要在程序中使用 #include<cstdlib> 和 #include<ctime> 引入相应的头文件。

1. 编程实现

在代码编辑区编写程序代码，并以“3-10-1.cpp 第 10 课 人机大比拼——if 语句的嵌套”为文件名保存。

文件名 3-10-1.cpp 第 10 课 人机大比拼——if 语句的嵌套

```
1  #include <iostream>
2  #include <ctime>
3  #include <cstdlib>
4  using namespace std;
5  int main(){
6    int r,j;
7    cin>>r;
8    srand(time(0));          //设置当前的系统时间为随机数种子
9    j=rand()%3+1;            //生成[1,3]的随机整数
10   if(r==j) cout<<"r="<<r<<",j="<<j<<" 平局"<<endl;//平局
11   else if(r==1&&j==2||r==2&&j==3||r==3&&j==1)
12     cout<<"r="<<r<<",j="<<j<<" 陈明胜利"<<endl;    //人赢
13   else cout<<"r="<<r<<",j="<<j<<" 陈明失败"<<endl;//人输
14 return 0;}
```

2. 测试程序

运行程序，输入 3，程序输出结果如下。

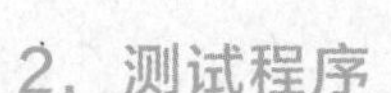

3. 程序解读

本程序中，第 7 行代码的作用是输入整型数 r，r 的范围为 [1,3]，代表人做出的手势。第 8 行和第 9 行代码的作用是使用 srand( ) 函数和 rand( ) 函数产生一个随机整数，并将其赋值给 j，j 的取值为 [1,3] 的一个整数，代表计算机做出的手势。第 10 行 ~ 第 13 行代码的作用是利用 if 语句的嵌套，根据 r、j 的取值，判断人与计算机比拼的结果，并输出 3 种比拼结果之一。

4. 易犯错误

在 C++ 中，使用 rand( ) 函数产生随机整数时，要使用 srand( ) 函数调用当前的系统时间为随机数种子，否则会导致 rand( ) 函数每次生成相同的随机整数。

5. 拓展应用

为了简化嵌套的 if 语句中的条件表达式，上述人机大比拼程序可以改进为多分支结构程序，具体如下。

```
int main()
{
   int r,j;
   cin>>r;
   srand(time(0));          //设置当前的系统时间为随机数种子
   j=rand()%3+1;            //生成[1,3]的随机整数
   if(r==j)
      cout<<"r="<<r<<",j="<<j<<" 平局"<<endl;//平局
   else if(r==1&&j==2)
      cout<<"r="<<r<<",j="<<j<<" 陈明胜利"<<endl;//人赢
   else if(r==2&&j==3)
      cout<<"r="<<r<<",j="<<j<<" 陈明胜利"<<endl;//人赢
   else if(r==3&&j==1)
      cout<<"r="<<r<<",j="<<j<<" 陈明胜利"<<endl;//人赢
   else
      cout<<"r="<<r<<",j="<<j<<" 陈明失败"<<endl;//人输
return 0;
}
```

1. if 语句的嵌套

if 语句的嵌套格式是多样的，可以嵌套在 else 语句里，也可以嵌套在 if 语句里，如下面形式也是可以的。写程序的时候，重要的一点是要厘清各分支之间的逻辑关系。

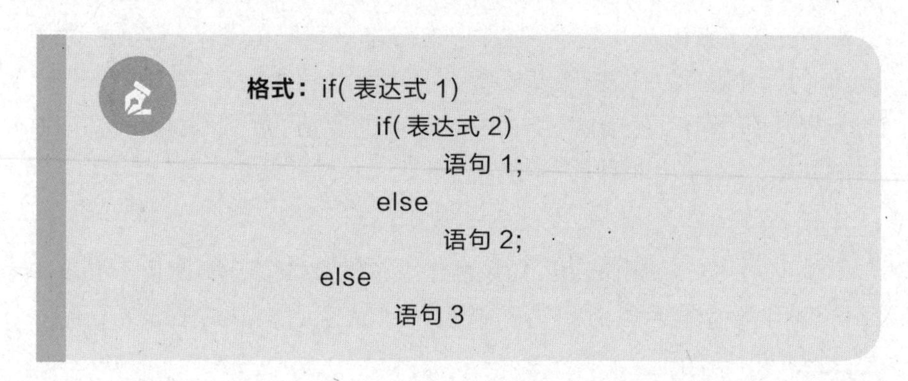

格式：

```
if( 表达式 1)
        if( 表达式 2)
                语句 1;
        else
                语句 2;
else
        语句 3
```

if 和 else 后面都可以嵌套 if-else 语句。在 if 语句里嵌套时应当注意 if 与 else 的配对关系，else 总是与它上面的最近的未配对的 if 配对。如果 if 与 else 的数目不一样，为了实现程序设计意图，可以用花括号来确定配对关系。例如：

```
if( 表达式 1)
  {
    if( 表达式 2)
    语句 1;
    }
else
    语句 2;
```

这时花括号限定了内嵌 if 语句的范围，因此 else 与第一个 if 配对。

2. if 语句多分支嵌套格式

if 语句里可以连续嵌套多个 if-else 语句，实现多分支结构的程序。具体格式如下。

格式： if(表达式1)语句1;
else if(表达式2)语句2;
……
else if(表达式n)语句n;
else 语句n+1;

if-else语句嵌套层次不宜过多，以免导致程序复杂，难于理解。

1．修改程序

下面程序的代码中有两处错误，请你改正。

练习1

```
1  #include <iostream>
2  using namespace std;
3  int main(){
4    int a, b, c, maxn;
5    cin>>a>>b>>c;          //输入3个数
6    if(a>b||a>c)_________________❶
7      maxn=a;              //判断a是否最大
8    else (b>a&&b>c)________________❷
9      maxn=b;              //判断b是否最大
10   else
11     maxn=c;
12   cout<<maxn<<endl;   //输出最大值
13 return 0;
14 }
```

修改程序：①________________

②________________

2．阅读程序写结果

观察常用字符与ASCII对照表，随意输入对照表中的一个字符，写出下面程序的运行结果。

练习 2

```
#include <iostream>
using namespace std;
int main(){
  char ch;
  cin>>ch;                        //输入字符
  if(ch>=48&&ch<=57)              //数字字符
    cout<<ch<<"为数字字符"<<endl;
  else if(ch>=65&&ch<=90)         //英文大写字符
    cout<<ch<<"为英文大写字符"<<endl;
  else if(ch>=97&&ch<=122)        //英文小写字符
    cout<<ch<<"为英文小写字符"<<endl;
  else                            //其他字符
    cout<<ch<<"为其他字符"<<endl;
return 0;}
```

输入：________________

输出：________________

3. 编写程序

在本课的人机大比拼程序中，输入 r 时，r 为 1 ~ 3 的整数。请改进该程序，使输入任意整数，程序都可以做出正确判断。

第 11 课

快乐的周末——switch 多分支语句

扫一扫，看视频

读故事

为了加强对陈亮学习情况的监督，妈妈每周五晚上都要对陈亮一周的语文、数学、英语 3 科的成长值进行评定。已知 c、m、e 分别为 3 科的成长值，$0 \leqslant c \leqslant 100$、$0 \leqslant m \leqslant 100$、$0 \leqslant e \leqslant 100$，综合成长值 $v=c \times 35\%+m \times 35\%+e \times 30\%$。妈妈和陈亮约定：

（1）如果 $v \geqslant 90$，那么陈亮自主安排周末的休闲活动；

（2）如果 $80 \leqslant v < 90$，那么取消陈亮周末的自主休闲活动；

（3）如果 $60 \leqslant v < 80$，那么陈亮周末进行功课的查缺补漏；

（4）如果 $v < 60$，那么陈亮周末不仅要进行功课的查缺补漏，而且还要做深刻的检讨。

综上，综合成长值 v 越高，陈亮周末的快乐感就越强。

编程任务： 请你设计一个程序，输入陈亮 3 科的成长值，判断其周末的状态。

1. 理解题意

输入语文、数学、英语 3 科的成长值，计算综合成长值，判断陈亮周末的状态，并输出判断结果。例如，如果综合成长值为 90，则输出“快乐的周末”。

2. 问题思考

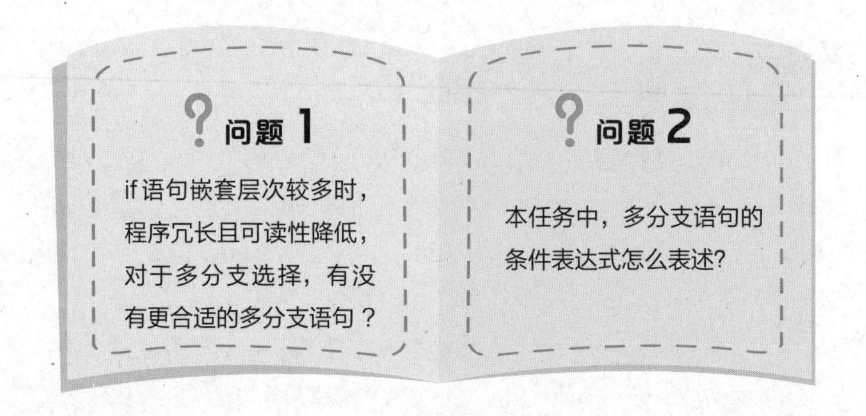

3. 算法分析

定义 c、m、e、v 为浮点型变量，分别代表语文、数学、英语 3 科的成长值及综合成长值。依次输入 c、m、e 的值，根据 3 科的成长值在综合成长值 v 中的占比，计算 v 的值；然后根据 v 的大小，判断陈亮周末的状态，并输出判断结果。

本问题的求解过程如下。

第 1 步：依次输入语文、数学、英语 3 科的成长值 c、m、e，c、m、e 均为浮点型变量。

第 2 步：计算 v=0.35*c+0.35*m+0.3*e。

第 3 步：根据 v 的取值，判断所要执行的分支，输出对应的结果。

第 4 步：结束程序。

程序流程图如下页图所示。

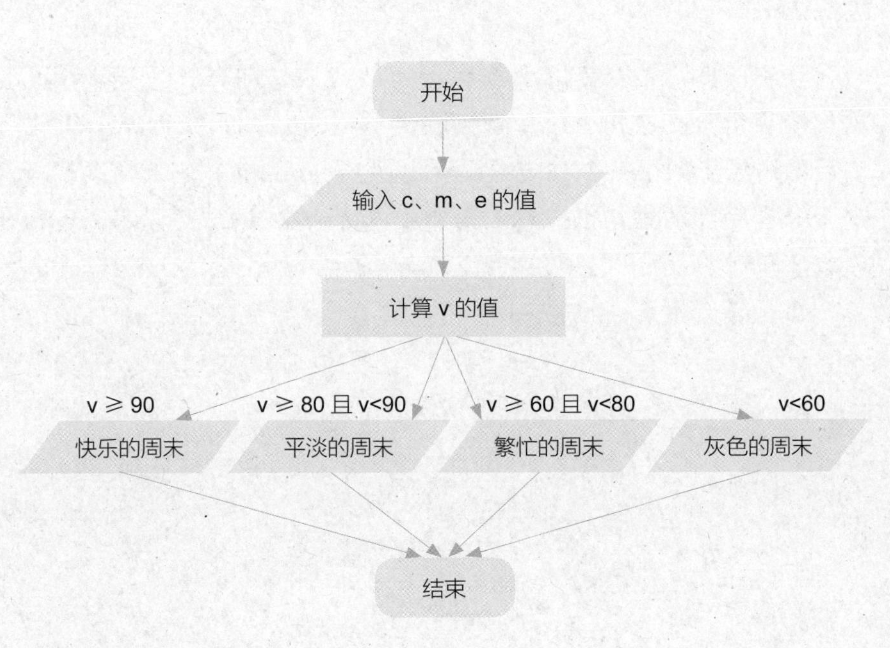

1. switch 多分支语句

if 语句可以实现两个分支的程序，嵌套的 if 语句可以实现多个分支的程序，但是当 if 语句的嵌套层次较多时，程序冗长且可读性降低。为了方便多种情况的选择，在 C++ 中，可以使用 switch 语句实现多分支选择。switch 语句的一般格式如下。

格式： switch（表达式）

```
{
case 常量表达式 1：语句组 1；break;
case 常量表达式 2：语句组 2；break;
… …
case 常量表达式 n：语句组 n；break;
default：语句组 n+1；
}
```

其中的 break 语句用于跳出语句结构块，即在执行完 switch 语句的某个分支语句组后，直接跳出 switch 语句，执行 switch 语句后的语句。如果某个分支中没有出现 break 语句，则会自动执行这个分支后面的语句。switch 语句中的 default 语句可以不写，即没有匹配到 case 语句，程序就不执行。

switch 语句执行的流程图如下图所示。

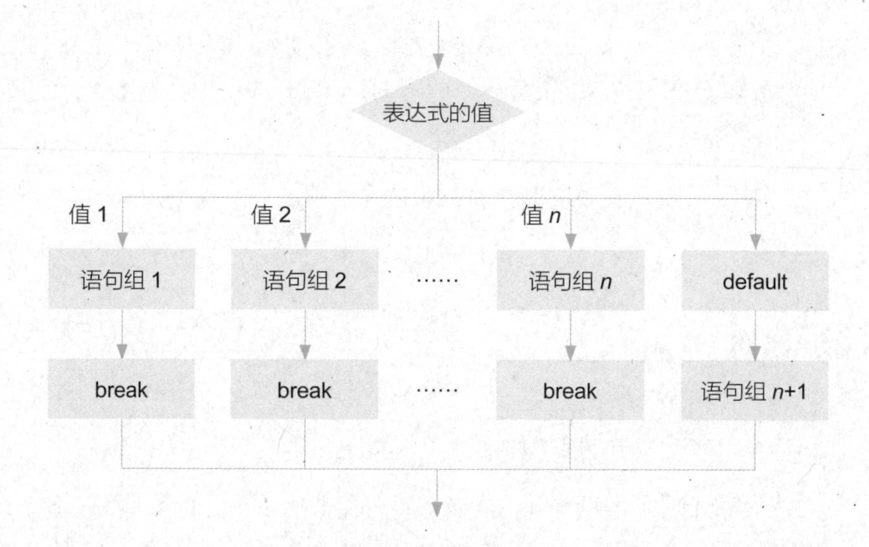

2. 表达式 (int)(v/10)

由于 switch 语句中表达式的值不能为浮点型，故可以用强制类型转换将 v/10 的值由浮点型转换为整型。强制类型转换的一般格式如下：

(要转换的新的数据类型)(被转换的表达式)

使用 (int) (v/10) 作为 switch 语句的表达式，表达式的取值有 11 种，这极大地降低了程序的冗余度。

1. 编程实现

在代码编辑区编写程序代码，并以“3-11-1.cpp 第 11 课　快乐的周末——switch 语句”为文件名保存。

文件名 3-11-1.cpp 第 11 课 快乐的周末——switch语句

```
 3 int main(){
 4     float c, m, e, v;
 5     cin>>c>>m>>e;                //输入3科的成长值
 6     v=0.35*c+0.35*m+0.3*e;       //求综合成长值
 7     cout<<"v="<<v<<endl;
 8     switch((int)(v/10))          //将表达式的值取整
 9     {   case 10:
10         case 9:cout<<"快乐的周末"<<endl;break;
11         case 8:cout<<"平淡的周末"<<endl;break;
12         case 7:
13         case 6:cout<<"繁忙的周末"<<endl;break;
14         case 5:
15         case 4:
16         case 3:
17         case 2:
18         case 1:
19         case 0:cout<<"灰色的周末"<<endl;break;
20         default:cout<<"输入数据有误"<<endl;
21     }
22     return 0;}
```

2. 测试程序

运行程序，输入 92、88 和 95，程序运行结果如下图所示。

```
v=91.5
快乐的周末
```

3. 程序解读

本程序中，第 5 行代码的作用是输入浮点型变量 c、m、e，第 6 行代码的作用是根据 3 科的成长值占比求综合成长值 v。第 8 行代码的作用是将表达式 (int) (v/10) 的值取整，即共有 11 个 case 分支。在第 9 行代码中，case 分支语句为空，其与第 10 行的 case 分支共用一组语句，即两个分支执行相同的语句。

4. 易犯错误

本程序中，易犯的错误是 switch 后面的表达式的类型与 case

后面的常量表达式的类型不匹配。例如，本程序中变量v为浮点型，要与case后面的常量表达式类型相匹配，就要用强制类型转换将表达式(v/10)转换为整型。表达式不能写为(int)(v)，否则取值范围将变为0 ~ 100的整数，这样就会有101个case语句，而分支过多，会导致程序冗长，不易阅读。

5. 拓展应用

switch语句的表达式的值通常为整型或字符型。例如，在“快乐的周末”程序中，switch语句的表达式的值的类型为整型。下面通过对 a 和 b（b 不为0）两个数进行“+”“-”“*”“/”4种运算，介绍switch语句的表达式的值为字符型时的用法，具体的程序代码如下。

```
#include<iostream>
using namespace std;
int main(){
    float a,b;                                          //声明两个操作数变量
    char ch;                                            //声明运算符号变量
    cin>>a>>ch>>b;                                      //输入两个操作数和运算符
    switch(ch)                                          //根据运算符，选择运算分支
    { case '+': cout<<a<<"+"<<b<<"="<<a+b<<endl;break;  //加法运算
      case '-': cout<<a<<"-"<<b<<"="<<a-b<<endl;break;  //减法运算
      case '*': cout<<a<<"*"<<b<<"="<<a*b<<endl;break;  //乘法运算
      case '/': cout<<a<<"/"<<b<<"="<<a/b<<endl;break;  //除法运算
      default: cout<<"输入有误"<<endl;
    }
    return 0;
}
```

switch语句中，每个case分支后面的语句组可以是顺序结构语句，也可以是选择结构语句。在下面输入年份值和月份值，输出该月份天数的程序中，便在switch语句中使用了if语句。

```
int main(){
    int y,m;
    cin>>y>>m;                  //输入年份值和月份值
    switch(m)                   //根据月份值，选择分支
    {  case 1:
       case 3:
       case 5:
       case 7:
       case 8:
       case 10:
       case 12:cout<<y<<"年"<<m<<"月有 31 天"<<endl;break;
       case 4:
       case 6:
       case 9:
       case 11:cout<<y<<"年"<<m<<"月有 30 天"<<endl;break;
       case 2:if(y%4==0&&y%100!=0||y%400==0) //根据年份值，选择分支
                 cout<<y<<"年"<<m<<"月有 29 天"<<endl;
              else
                 cout<<y<<"年"<<m<<"月有 28 天"<<endl;
              break;
       default:cout<<"输入有误"<<endl;
    }
       return 0;
}
```

1. switch 语句格式说明

在使用 switch 语句时，每个 case 或 default 后，可以包含多条语句，不需要使用花括号标识。每个 case 后面的语句，可以写在冒号后的同一行，也可以换到新行书写。

2. switch 语句使用规则

（1）switch 后面圆括号内的表达式，其值只能是整型、字符

型、布尔型或枚举型。

（2）常量表达式是由常量组成的表达式，值的类型与 switch 后面圆括号内的表达式的值的类型相同。

（3）每一个 case 后的各常量表达式的值必须互不相同，否则程序会出错。

（4）多个 case 可以共用一组语句，case 分支语句可以为空，语句为空的 case 分支执行后面与之最近的 case 分支的语句组。

1. 修改程序

下面程序的功能是输入 1 ~ 7 的任意一个整数，输出对应星期的英语单词。该程序中有两处错误，请你改正。

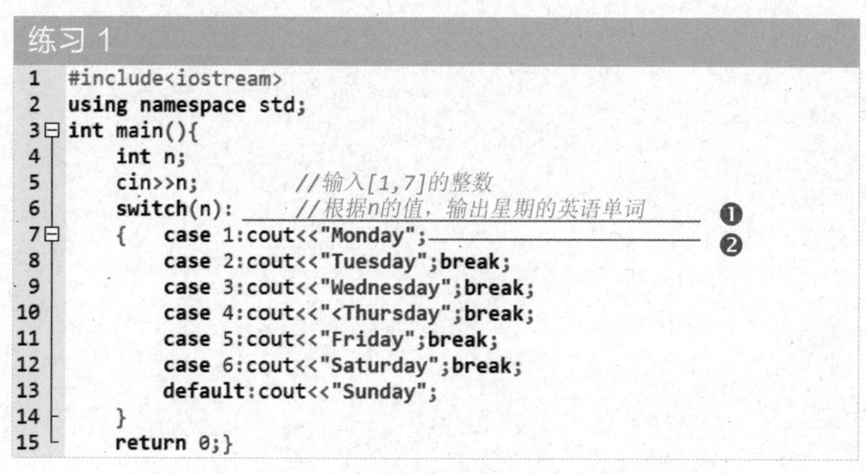

练习 1

```
1  #include<iostream>
2  using namespace std;
3  int main(){
4      int n;
5      cin>>n;          //输入[1,7]的整数
6      switch(n):       //根据n的值，输出星期的英语单词 ❶
7      {   case 1:cout<<"Monday";                         ❷
8          case 2:cout<<"Tuesday";break;
9          case 3:cout<<"Wednesday";break;
10         case 4:cout<<"<Thursday";break;
11         case 5:cout<<"Friday";break;
12         case 6:cout<<"Saturday";break;
13         default:cout<<"Sunday";
14     }
15     return 0;}
```

修改程序：①________________

②________________

2. 阅读程序写结果

阅读下面的程序，根据输入数据，写出输出结果。

练习 2

```
1  #include<iostream>
2  using namespace std;
3  int main(){
4      char ch;
5      cin>>ch;        //输入评价等级
6      switch(ch)      //根据等级值，输出得分范围
7      {   case 'A':cout<<"85~100"<<endl;break;
8          case 'B':cout<<"70~84"<<endl;break;
9          case 'C':cout<<"60~69"<<endl;break;
10         case 'D':cout<<"<60"<<endl;break;
11         default:cout<<"输入有误"<<endl;
12     }
13     return 0;}
```

输入：A

输出：________________

3. 编写程序

改进本课“拓展应用”中 a 和 b（考虑 b 为 0 的情况）两个数的 4 种运算程序，使任意输入两个数和一个运算符（+、-、*、/），都能输出正确的运算结果。

提示： 在除法运算中，当除数 b 不为 0 时，进行除法运算，输出运算结果；当除数 b 为 0 时，不进行除法运算，输出“除数不能为零，请重新输入！”。简而言之，当运算符为“/”时，先判断除数 b 的值是否为 0，再进行运算。

第4单元 周而复始——循环结构

生活中，经常会看到一些有规律的重复的现象。例如，钟表指针一圈一圈地转动，太阳每天东升西落，每周从周一到周日周而复始，春、夏、秋、冬四季轮回等。如果用算法来描述这些有规律的重复的现象，就需要使用循环结构。

相对顺序结构的一步步执行，循环结构要高效很多，它可以将程序中需要反复执行的语句集中起来形成循环体，再通过条件判断是继续执行循环还是退出循环。C++ 中有 3 种循环语句用于实现循环结构，这 3 种循环语句分别是 for 语句、while 语句、do-while 语句。本单元我们就一起来学习这些循环语句吧！

学习内容

第 12 课

谁计算得快——for 语句

德国数学王子高斯，小时候就展现出了惊人的数学天赋。一次数学课上，老师让同学们计算 1 ~ 100 所有整数的和，老师刚叙述完题目，高斯就算出了正确答案——5050。老师吃了一惊，高斯解释他的答题方法：1 + 100 = 101，2 + 99 = 101，3 + 98 = 101，…，49 + 52 = 101，50 + 51 = 101，一共有 50 个 101，所以 50 × 101 的结果就是 1 ~ 100 所有整数的和。后来人们把这种简便算法称作高斯算法。

1+2+3+4+…+97+98+99+100=？

高斯答：

1+2+3+4+…+97+98+99+100

1+100=101

2+ 99=101

3+ 98=101

……

50+ 51=101

101×50=5050

编程任务： 编写程序，让计算机快速计算出 1 ~ 100 所有奇数的和。

1. 理解题意

本题求 1 ~ 100 所有奇数的和，即求 1+3+5+…+99 的和，如果直接累加，计算非常麻烦。在本程序中，可以使用 for 语句来简便求和，将 s=s+i 作为循环体，循环变量 i 每次自加 2。

2. 问题思考

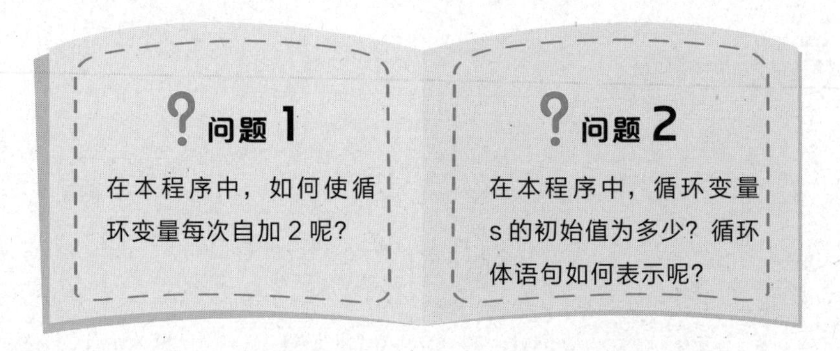

3. 算法分析

用变量 s 代表和，其初始值为 0，通过循环让 s 依次加上 1，3，…，99，最终求出它们的和。

程序流程图如右图所示。

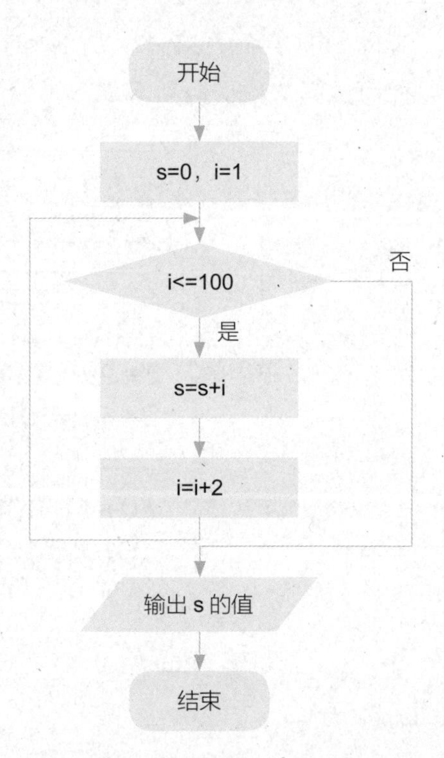

在 C++ 中，常使用 for 语句来解决重复且有规律的问题。每次循环条件成立，都要执行一次循环体。for 语句的一般格式和功能如下。

格式：for（循环变量赋初值；循环条件；增量表达式）
语句；

功能：从初始值开始，当满足循环条件时，按增量表达式的规定，重复执行语句。

1. 编程实现

在代码编辑区编写程序代码，并以“4-12-1.cpp 第 12 课　谁计算得快——for 语句”为文件名保存。

文件名　4-12-1.cpp　第 12 课　谁计算得快——for 语句

```
1  #include<iostream>
2  using namespace std;
3  int main()
4  {
5    int i,s=0;
6    for(i=1;i<=100;i=i+2)
7      s=s+i;
8      cout<<"s="<<s;
9  }
```

2. 测试程序

运行程序，运行结果如下图所示。

```
s=2500
```

3. 程序解读

本程序中，循环变量 s 的初始值为 0，即 s=0。循环体语句是 s=s+i，因为循环体只有一条语句，所以花括号可以省略。

4. 易犯错误

本程序中，s=s+i 可以简写成 s+=i。本程序的目的是计算 1 ~ 100 所有奇数的和，所以循环变量每次自加 2，即 i=i+2。不能简写成 i++，因为 i++ 是每次自加 1。

5．拓展应用

利用本题的编程思路，可以编程求解 1 ~ 100 所有偶数的和。具体程序代码如下。

```
#include<iostream>
using namespace std;
int main()
{
    int i,s=0;
    for(i=0;i<=100;i=i+2)
    s=s+i;
    cout<<"s="<<s;
}
```

1．for 语句执行的流程图

for 语句是编程中较常用的一种循环语句，一般由循环体及循环判定条件两部分组成，其执行的流程图如下图所示。

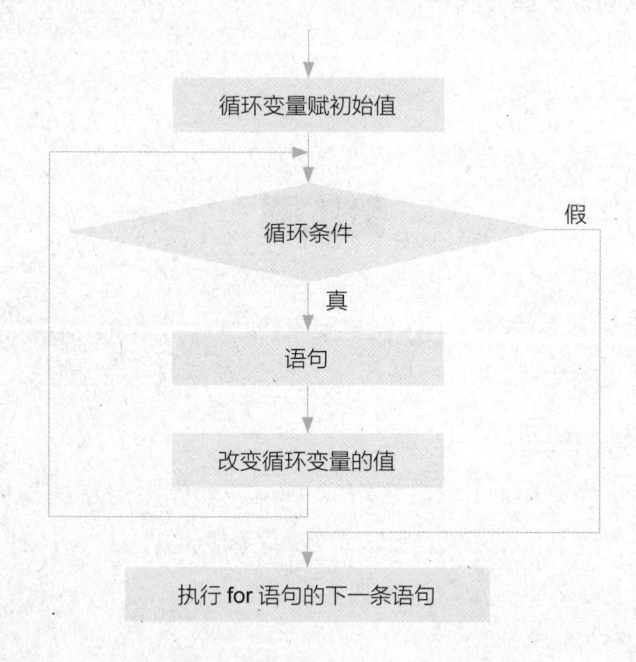

2. for语句执行过程

for 语句执行过程可由以下 4 步来描述。

第 1 步：执行循环变量赋初始值语句，变量获得一个初始值。

第 2 步：判断循环变量是否满足循环条件。若满足条件，则执行一遍循环体；否则结束整个 for 语句，继续执行 for 语句的下一条语句。

第 3 步：根据增量表达式，计算循环变量所得到的新值。

第 4 步：自动转到第 2 步。

3. for语句的特点

for 语句有如下几个特点。

（1）for 语句通常用于确定次数的循环，如本课中用 for 语句计算 1 ~ 100 所有偶数的和。

（2）for 语句中的 3 个表达式（循环变量赋初值、循环条件和增量表达式），可以任意省略。如果 3 个表达式同时省略，则循环条件为 1，程序进入死循环。例如：

```
for(; ; ;)
语句;
```

（3）可以有多个循环变量。各循环变量表达式之间用逗号分隔。例如：

```
for(i=1, j=0; i+j<100; i=i+2, j=j+1)
语句;
```

1. 修改程序

下面这段程序的功能是输出 1 ~ 100 所有整数的和。其中有两处错误，快来改正吧！

练习 1

```
1  #include<iostream>
2  using namespace std;
3  int main()
4  {
5      int i,s=0;
6      for(i=1;i<=100;i++);———— ❶
7      {
8       s+i=s;—————————————— ❷
9      }
10     cout<<"s="<<s;
11 }
```

修改程序：①________________

②________________

2. 完善程序

下面这段程序的功能是计算 5+10+15+…+100 的和并输出，请补充缺失的语句，使程序完整。

练习 2

```
1  #include<iostream>
2  using namespace std;
3  int main()
4  {
5      int i,s=0;
6      for(i=5;i<=100;_____)———— ❶
7      {
8       _______;———————————————— ❷
9      }
10     cout<<"s="<<s;
11 }
```

语句①：________________

语句②：________________

3. 阅读程序写结果

阅读下面的程序，根据输入数据，写出输出结果。

练习 3

```
1  #include<iostream>
2  #include<cstdio>
3  using namespace std;
4  int main()
5  {
6      long long s=1;
7      int i,n;
8      cin>>n;
9      for(i=1;i<=n;i++)
10     {
11     s=s*i;
12         }
13     cout<<"s="<<s;
14 }
```

输入：5

输出：________________

输入：6

输出：________________

4. 编写程序

（1）李亮同学打算从今年开始，1 月份为希望工程捐款 1 元，2 月份捐款 2 元，3 月份捐款 3 元……依次类推。编程计算，经过两年他能为希望工程捐款多少元。

（2）编程求 s=1+1/2+1/3+…+1/100 的和。

提示：循环体语句为 s=s+1.0/i。

第13课 有趣的数列——for与if语句

读故事

斐波那契数列（Fibonacci Sequence）是一个非常有趣的数列，数列的第1项和第2项分别是0和1，从第3项开始，每一项是其前面两项之和，即0，1，1，2，3，5，8，等等。

编程任务：请编写程序，输出该数列的前30项。输出时，要求每5项换一行，每两个数之间用空格分隔。

理思路

1. 理解题意

根据题目描述，数列中的第i（$i \geqslant 3$）项c，可以表示为其前面两项a和b之和，即$c=a+b$。

2. 问题思考

问题 1

在本程序中，如何根据前两项求出第 3 项及以后项的值？

问题 2

如何用条件语句控制每输出 5 项换一行？

3. 算法分析

由于题目只要求输出，因此不必将前 30 项数据全部存储，可以边计算边输出。故求解过程如下。

第 1 步：将第 1 项 a 和第 2 项 b 分别初始化为 0、1，并输出它们的值。

第 2 步：计算第 3 项 c，令 c=a+b，输出第 3 项的值。

第 3 步：继续计算第 4 项的值。第 4 项的前两项分别是 b 和 c，令 a=b、b=c，这样计算第 4 项的值，则可以表示为 c=a+b，输出 c 的值即可。

程序流程图如右图所示。

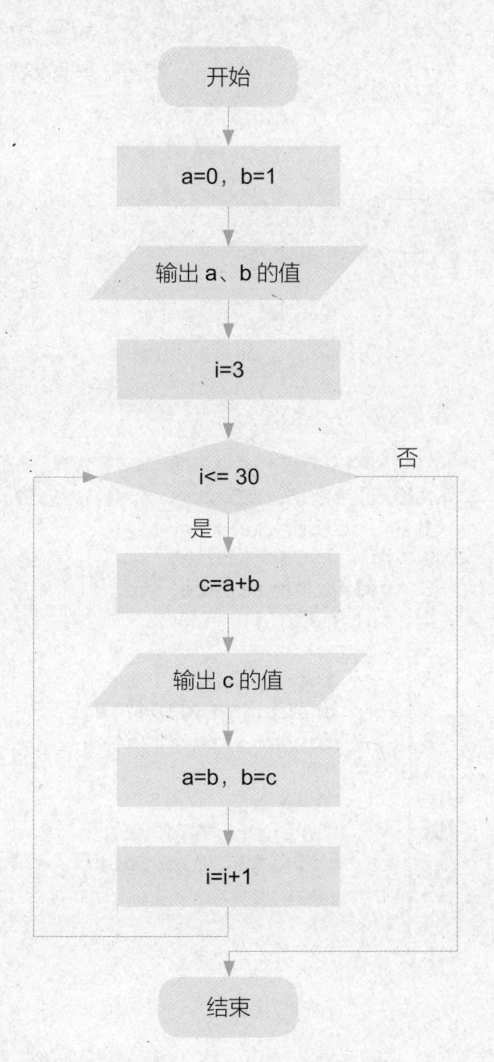

在 for 语句中，如果有多个重复执行的语句，就需要对多个重复执行的语句加花括

号，形成一个语句块，表示程序要执行整个循环体。

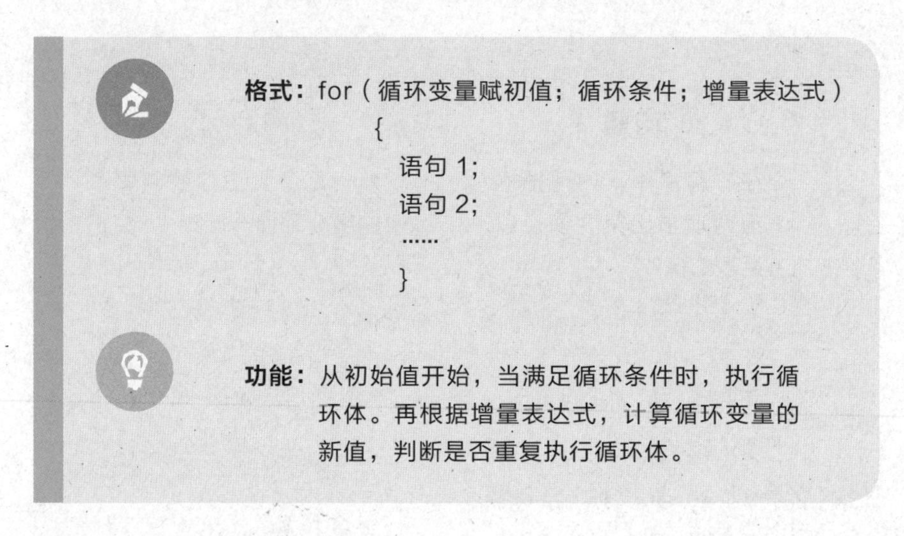

格式： for（循环变量赋初值；循环条件；增量表达式）

```
{
    语句 1;
    语句 2;
    ……
}
```

功能： 从初始值开始，当满足循环条件时，执行循环体。再根据增量表达式，计算循环变量的新值，判断是否重复执行循环体。

1. 编程实现

在代码编辑区编写程序代码，并以“4-13-1.cpp 第 13 课　有趣的数列——for 与 if 语句”为文件名保存。

文件名　4-13-1.cpp　第 13 课　有趣的数列——for 与 if 语句

```
 1  #include<iostream>
 2  #include<cstdio>                    //调用cstdio库
 3  using namespace std;
 4  int main()
 5  {
 6      int i,a=0,b=1,c;
 7      printf("%8d%8d",a,b);           //输出第1项和第2项的值
 8      for(i=3;i<=30;i++)              //从第3项到第30项循环
 9       {
10       c=a+b;                         //求第i项的值
11       printf("%8d",c);
12       if(i%5==0)printf("\n");        //每5项换一行
13       a=b;b=c;                       //更新a和b的值
14       }
15  }
```

2. 测试程序

编译并运行程序，程序运行结果如下页图所示。

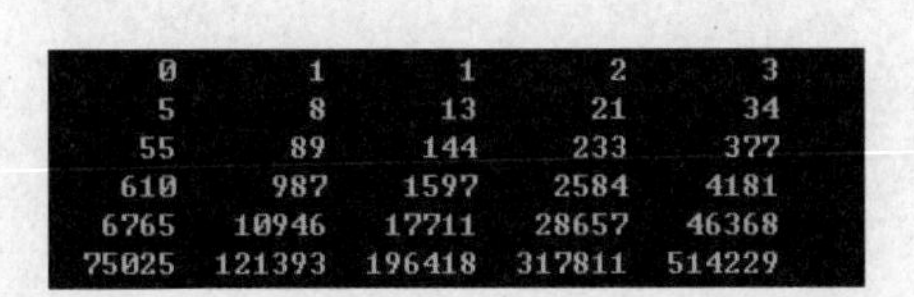

3．程序解读

本程序中，使用 printf("%8d",c) 语句的目的是让输出的数据对齐。在本书的第 2 单元中，我们已经学习过 printf( ) 函数，而“%8d”表示控制输出数据的宽度为 8，如果该数据不够 8 位，则在前面加空格补足。本题要求输出时每 5 项换一行，只需通过语句“if(i%5==0)printf("\n");”，判断 i 整除 5 时换行就可以了。

4．易犯错误

本程序中，语句“a=b;”和“b=c;”的顺序不能颠倒，否则程序结果会出错。另外，如果要使用输入函数 scanf( ) 和输出函数 printf( )，头文件应使用 #include<cstdio>。

5．拓展应用

如果要求输出斐波那契数列的前 45 项，则计算出来的数将会很大。此时，若变量还定义为 int 型，则将会超出数据范围，因此，需要定义数据类型为 long long。具体的程序代码如下。

```
#include<iostream>
#include<cstdio>
using namespace std;
int main()
{
    long long i,a=0,b=1,c;
    printf("%15d%15d",a,b);
    for(i=3;i<=45;i++)
     {
      c=a+b;
      printf("%15d",c);
      if(i%5==0)printf("\n");
      a=b;b=c;
     }
}
```

1．for 循环与 if 语句的结合应用

在 for 循环中，还可以使用 if 语句解决许多复杂的问题。例如，输出 1 ～ 100 中所有不能被 3 整除的数，在 for 循环中就可以使用 if 语句，对变量 i 的值进行判断，若 i 是 3 的倍数，则输出 i。具体的程序代码如下。

```
#include<iostream>
#include<cstdio>
using namespace std;
int main()
{
    int i ;
    for(i=1;i<=100;i++)
    if(i%3==0)printf("%3d",i);
}
```

2．for 循环增量

for 循环中的增量表达式，用于改变循环变量的值。例如，变量从 1 变到 100，增量为 1，for 循环可以写作 for(i=1;i<=100;i++)。如果将变量从 100 变到 1，增量为 −1，则 for 循环可以写作 for(i=100;i>=1;i--)。如果将变量从 7 变到 77，增量为 7，则 for 循环可以写作 for(i=7;i<=77;i+=7)。

1．修改程序

下面这段程序的功能是计算 1 ～ 100 所有的偶数之和及所有的奇数之和，其中有两处错误，快来改正吧！

练习 1

```
1   #include<iostream>
2   using namespace std;
3   int main()
4   {
5      int i,ji=0,ou=0;
6      for(i=1;i<=100;i++); ———— ❶
7      {
8       if(i%2=0)ou=ou+i; ———— ❷
9       else ji=ji+i;
10     }
11     cout<<"ji="<<ji<<"ou="<<ou;
12  }
```

修改程序：①________________

②________________

2. 阅读程序写结果

阅读下面的程序，并写出程序的输出结果。

练习 2

```
1   #include<iostream>
2   using namespace std;
3   int main()
4   {
5      int i;
6      for(i=1;i<=30;i++)
7      if(i%7==0||i%10==7)cout<<" "<<i;
8   }
```

输出：________________

3. 完善程序

下面这段程序的功能是输入 n 个 1 ~ 100 的整数，找出其中最小的整数并输出。请补充缺失的语句，使程序完整。

练习 3

```
1  #include<iostream>
2  using namespace std;
3  int main()
4  {
5      int i,n,x,min=101;
6      cin>>n;
7      for(i=1; ❶ ;i=i+1)
8      {
9      cin>>x;
10     if( ❷ )min=x;
11     }
12     cout<<"min="<<min;
13 }
```

语句①：________________

语句②：________________

4. 编写程序

已知 n 个人的综合测评成绩，编写程序，当输入这 n 个人的成绩，程序自动输出其中的最高分、最低分和平均分。

第 14 课 角谷的猜想——while 语句

扫一扫，看视频

读故事

对于任意一个自然数 n，若 n 为奇数，则可将 n 变为 $3\times n+1$；否则，将 n 变为 n 的一半。经过若干次这样的变换，一定会使 n 变为 1。此规律是由日本数学家角谷静夫发现的，所以称为“角谷猜想”。

编程任务： 试编写一个程序，验证角谷猜想，如输入自然数 6，根据角谷猜想，程序输出结果为 6 → 3 → 10 → 5 → 16 → 8 → 4 → 2 → 1。

角俗猜想	num=num/2	num 是偶数
	num=3×num+1	num 是奇数

理思路

1. 理解题意

本题可通过 while 循环，一直判断并计算 n 的值。若 n 为奇数，则将 n 变为 $3\times n+1$，否则将 n 变为 n 的一半，直到 n 的值等于 1。

2. 问题思考

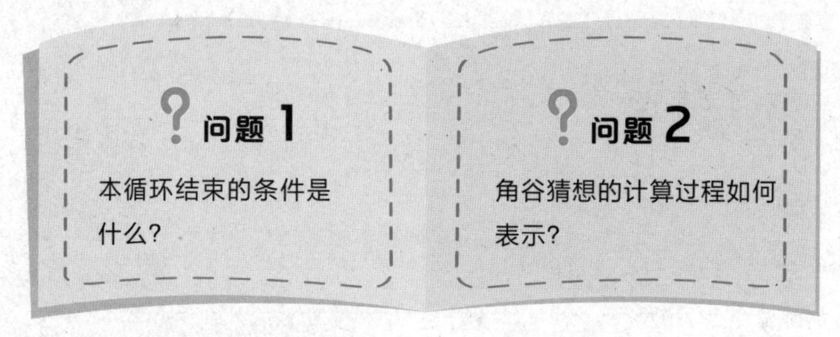

3. 算法分析

根据题意，求解过程如下。

第 1 步：声明变量 n 为长整型。

第 2 步：判断 n 的奇偶性。

第 3 步：如果 n 为奇数，则计算 n=3*n+1。

第 4 步：如果 n 为偶数，则计算 n=n/2。

程序流程图如下图所示。

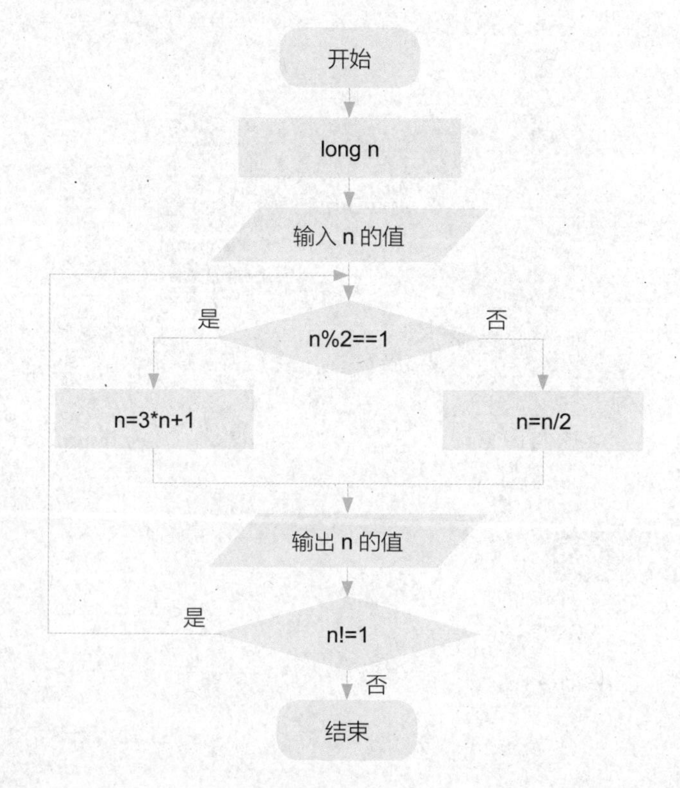

查秘籍

while 语句有两种格式，一种是循环体由一条语句构成，另一种是循环体由多条语句构成。当循环体由多条语句构成时，应由花括号标识，构成一个语句块的形式。其语法格式如下。

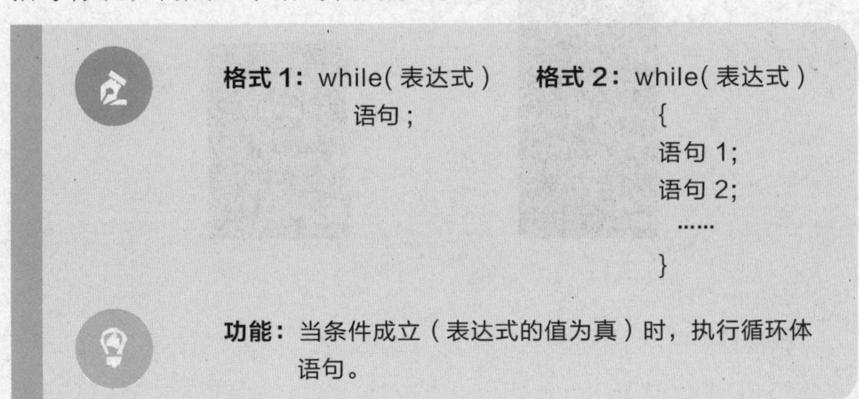

格式 1： while(表达式)
　　语句；

格式 2： while(表达式)
{
语句 1;
语句 2;
……
}

功能： 当条件成立（表达式的值为真）时，执行循环体语句。

求解决

1. 编程实现

在代码编辑区编写程序代码，并以“4-14-1.cpp 第 14 课　角谷的猜想——while 语句”为文件名保存。

文件名　4-14-1.cpp　第 14 课　角谷的猜想——while 语句

```
1  #include<iostream>
2  using namespace std;
3  int main()
4  {
5     long n;
6     cin>>n;
7     while(n!=1)                              //当n不等于1时，开始循环
8     {
9       if(n%2==1)                             //当n为奇数时
10      {
11        cout<<n<<"*3+1="<<n*3+1<<endl;//输出n*3+1=
12        n=n*3+1;                             //将n变为n*3+1
13      }
14      else
15      {
16        cout<<n<<"/2="<<n/2<<endl;           //当n为偶数时
17        n=n/2;                               //将n变为n的一半
18      }
19    }
20    cout<<"End";
21 }
```

2. 测试程序

编译并运行程序，依次输入 6 和 5，程序输出结果分别如下图所示。

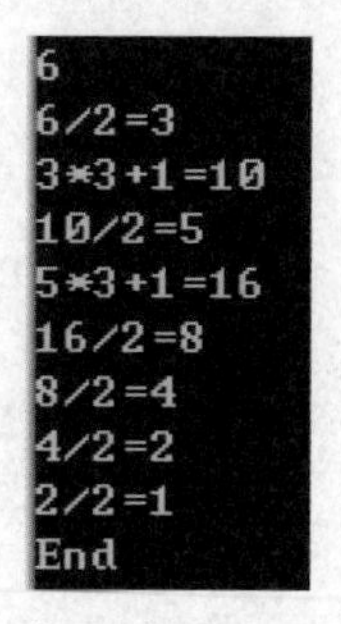

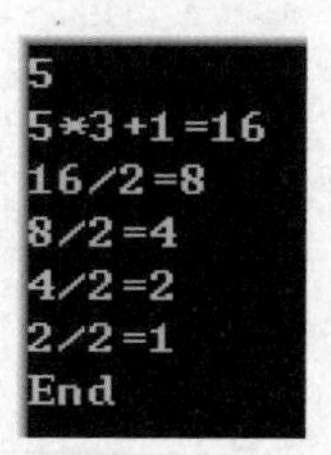

3. 程序解读

本程序中有两个分支：当 n 为奇数时，计算的语句为 cout<<n<<"*3+1="<<n*3+1<<endl;n=n*3+1;。当 n 为偶数时，计算的语句为 cout<<n<<"/2="<<n/2<<endl;n=n/2;。由于每个分支下都有两个语句需要执行，所以在每个条件下都需要加花括号，构成复合语句。

4. 易犯错误

本程序中，易犯的错误是将 while 语句循环的条件写为 n==1。因为本程序中 n 等于 1 时便不用继续执行，可以跳出循环了，故循环条件应为 n!=1。其中“!=”为不等于运算符。

1. while 语句执行的流程图

while 语句执行的流程图如右图所示。如果表达式的值为真，即条件成立，就执行循环体的语句；否则，将跳出循环，执行循环体后面的语句。

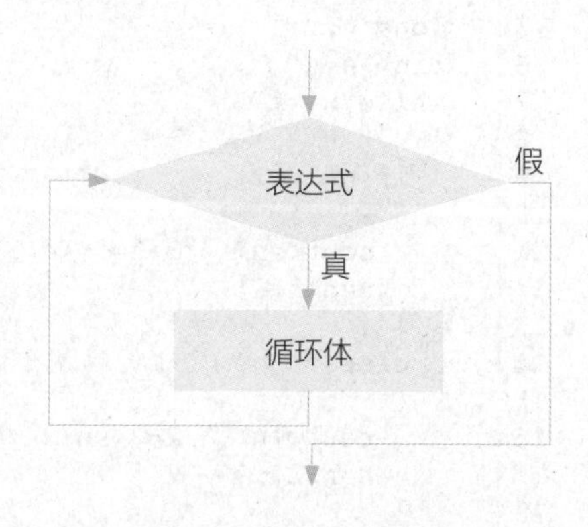

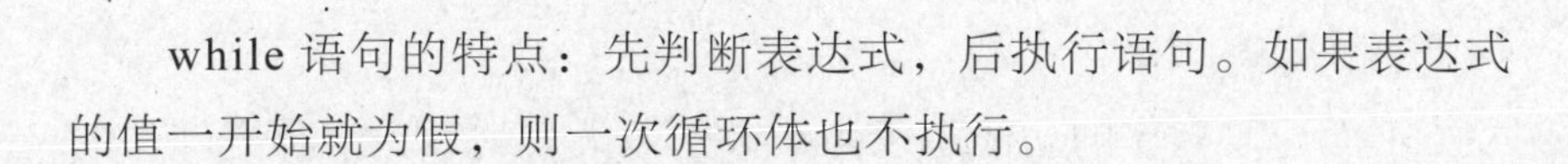

while 语句的特点：先判断表达式，后执行语句。如果表达式的值一开始就为假，则一次循环体也不执行。

2. while 语句的执行过程

while 语句执行过程如下。

（1）计算作为循环条件的表达式的值。

（2）若作为循环条件的表达式的值为真，则执行一次循环体，否则离开循环，结束整个 while 语句的执行。

（3）循环体的所有语句执行结束后，则自动转至（1）执行。

另外，当 while 语句的循环体中包含多条语句时，应使用花括号组成复合语句，如 {sum=sum+i;i++;}。循环体中应有使循环趋于结束的语句，如 i++;，否则会构成死循环。

1. 修改程序

下面这段程序的功能是输出 1 ~ 20 的偶数，其中有两处错误，快来改正吧！

练习 1

```
1  #include<iostream>
2  using namespace std;
3  int main()
4  {
5      int i=1;
6      while(i<=10);———————— ❶
7      {
8      cout<<2i<<" ";——————— ❷
9      i++;
10         }
11 }
```

修改程序：①________________

②________________

2. 完善程序

下面这段程序的功能是求两个数的最大公约数，请补充缺失的语句，使程序完整。

练习 2

```
1  #include<iostream>
2  using namespace std;
3  int main()
4  {
5      int m,n,r;
6      cin>>m>>n;
7      r=m%n;
8      while(_____)————————❶
9      {
10       m=n;
11       n=r;
12       ________;————————❷
13     }
14     cout<<"最大公约数:"<<n;
15 }
```

语句①：________________

语句②：________________

3. 阅读程序写结果

阅读下面的程序，并写出程序的输出结果。

练习 3

```
1  #include<iostream>
2  using namespace std;
3  int main()
4  {
5    int i=1;
6    while(i<=10)
7    {
8    cout<<2*i<<"  ";
9    i++;
10   }
11 }
```

输出：________________

4. 编写程序

使用 while 语句编写一个程序，求 3+6+9+…+99 的和。

第15课

球弹跳高度——do-while语句

一个小球从 h 米的高度落下，每次落地后又反弹回原来高度的一半再落下，如此往复。

编程任务： 编程计算小球在第10次落地时，共经过多少米？第10次落地后小球反弹多高？

输入：一个整数，表示小球的初始高度。

输出：包含2行，第1行为到小球第10次落地时，一共经过的米数；第2行为小球第10次落地后反弹的高度。

1. 理解题意

当小球从 h 米的高度自由落下时，路程 s 的初始值为 h，小球每次落地后又反弹回原来高度的一半（$h=h/2$）再落下，这时

$s=s+h\times2$。现计算小球在第 10 次落地时经过的路程，也就是前面经过了 9 次落地后又反弹的路程。

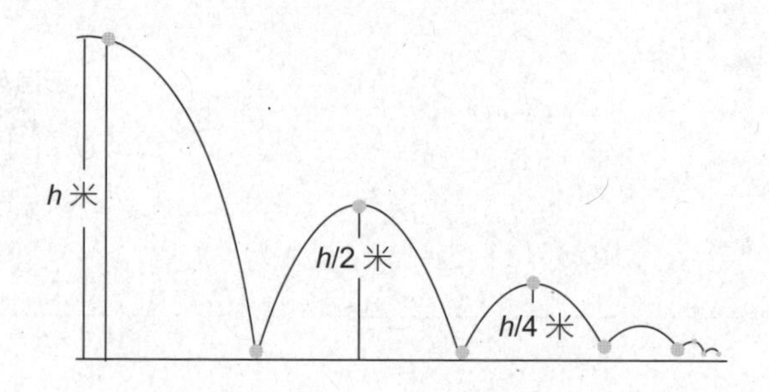

2. 问题思考

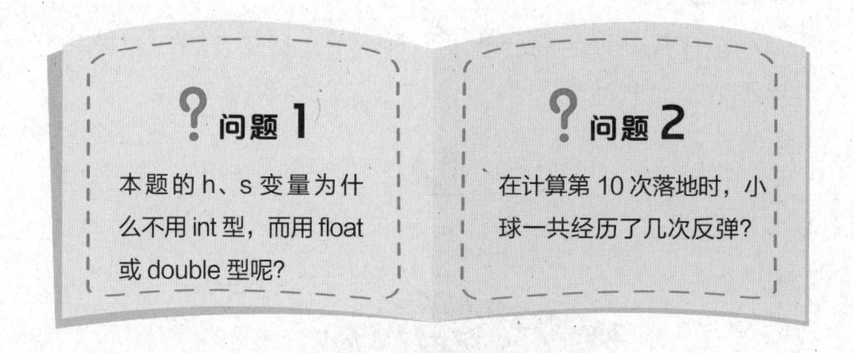

3. 算法分析

在本程序中，小球的起始高度用 h 表示，路程用 s 表示，其算法描述如下。

第 1 步：输入小球高度 h，当小球从 h 米的高度自由落下时，又反弹回原来高度的一半，每次高度 h=h/2。

第 2 步：小球从 h 米的高度第一次落下，路程 s 的初始值为 h，又反弹回原来高度的一半再落下的路程 s=s+h*2。

第 3 步：小球每落下一次，次数 i 累加一次，再判断 i 是否小于等于 9。如果条件成立，则转到第 1 步，形成循环。

程序流程图如下页图所示。

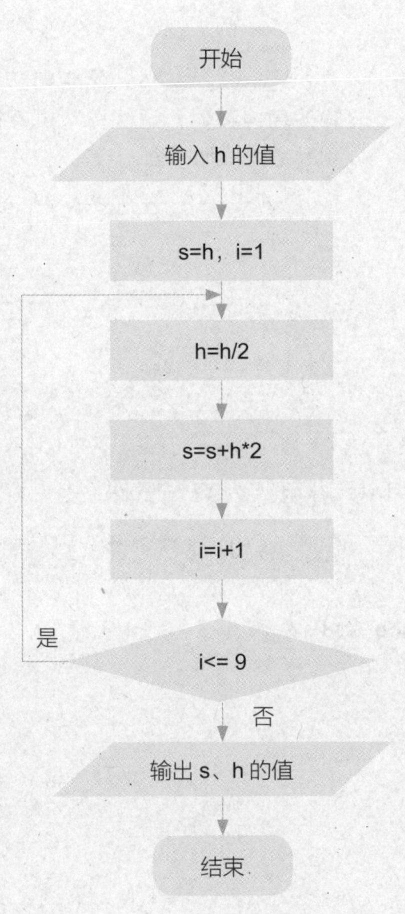

do-while 语句有两种格式，一种是循环体只有一条语句，另一种是循环体由多条语句构成。当循环体由多条语句构成时，应由花括号标识，构成一个语句块的形式。while(表达式) 后面应有英文分号。do-while 语句的语法格式如下。

格式 1:
```
do
    语句 ;
    While( 表达式 );
```

格式 2:
```
do
    {
    语句 1;
    语句 2;
    ......
    } while(表达式);
```

功能：先执行一次循环体，然后判断表达式，当表达式的值为真时，返回重新执行循环体语句，直到表达式的值为假。

1. 编程实现

在代码编辑区编写程序代码，并以“4-15-1.cpp 第 15 课　弹跳的高度——do-while 语句”为文件名保存。

文件名　4-15-1.cpp　第 15 课　弹跳的高度——do-while 语句

```
1  #include<iostream>
2  using namespace std;
3  int main()
4  {
5      int i=1;
6      float h,s;
7      cin>>h;                    //输入小球的初始高度
8      s=h;                       //小球经过的初始路程
9      do
10     {
11     h=h/2;                     //小球每次反弹回原来高度的一半
12     s=s+h*2;                   //小球每次落下又反弹经过的总路程
13     i++;
14         }while(i<=9);
15     cout<<"s="<<s<<endl;
16     cout<<"h="<<h/2<<endl;
17 }
```

2. 测试程序

编辑并运行程序，输入 20，程序运行结果如下图所示。

```
s=59.9219
h=0.0195312
```

3. 程序解读

本程序中，小球从 h 米的高度落下时，又反弹回原来高度的一半，这样后面的高度值会出现小数，所以定义 h 变量时，不能使用

int 型，应使用 float 或 double 型。另外，当小球第一次从 h 米的高度落下时，路程 s 的初始值为 h，而不是 0，所以 s=h。

4. 易犯错误

在计算小球第 10 次落地的路程时，前面只进行了 9 次弹跳动作，所以“i<=9”，而不是“i<=10”；而在计算小球第 10 次反弹多高时，此时的高度应该是第 9 次高度的一半，所以输出为 h/2。

5. 拓展应用

试修改程序，计算小球从 100 米高处自由落下，落地后又反弹回高度的一半再落下，第 20 次落地时，小球共经过多少路程？（提示：路程变量要用 double 型。）

1. do-while 语句执行的流程图

do-while 语句执行的流程图如右图所示。

（1）执行一次循环体。

（2）求出作为循环条件的表达式的值，若该值为真，循环条件成立，则自动转向（1），否则结束 do-while 循环的执行过程，继续执行其后面的语句。

循环体
表达式
真
假
下一条语句

do-while 语句的特点是先执行一次循环体，然后判断表达式的值。

2. while 语句与 do-while 语句的区别

while 语句在执行循环体之前，先判断循环条件，再执行循环体。当作为循环条件的表达式的值为真时，才能执行循环体，否则循环体一次也不执行。

而 do-while 语句先执行循环体，再判断循环条件，即不管作为循环条件的表达式的值是否为真，至少会执行一次循环体。

1. 修改程序

下面这段程序的功能是输出 5 × 4 × 3 × 2 × 1 的积，其中有两处错误，快来改正吧！

练习 1

```
1  #include<iostream>
2  using namespace std;
3  int main()
4  {
5      int i=1,s=0;——————❶
6      do
7      {
8      s=s*i;
9      i=i+1;
10     }while(i<=5)——————❷
11     cout<<"5× 4× 3× 2× 1="<<s;
12 }
```

修改程序：①________________

②________________

2. 阅读程序写结果

阅读下面的程序，根据输入数据，写出输出结果。

练习 2

```
1  #include<iostream>
2  using namespace std;
3  int main()
4  {
5      int x,s=0;
6      cin>>x;
7      do
8      {
9      s=s+x%4;
10     x=x/4;
11     }while(x!=0);
12     cout<<"s="<<s;
13 }
```

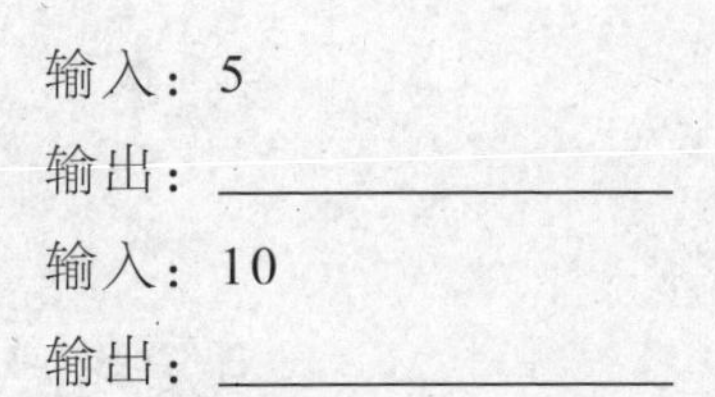

输入：5

输出：________________

输入：10

输出：________________

3. 完善程序

一个猴子摘了若干桃子，立即吃了一半，还不过瘾，又多吃了一个；第 2 天早上它又将剩下的桃子吃掉一半，又多吃了一个。以后每天早上它都吃了前一天剩下的桃子的一半并多吃一个。到第 10 天早上猴子想再吃时，只剩下一个桃子了。

下面这段程序的功能是计算猴子一共摘了多少个桃子。请补充缺失的语句，使程序完整。

练习 3

```
1  #include<iostream>
2  using namespace std;
3  int main()
4  {
5  int day,x1,x2;
6      day=9;
7        x2=1;
8     do
9     {
10    x1=(x2+1)*2; //第1天的桃子数是第2天的桃子数加1后的2倍
11    x2=x1;
12    ___❶___;
13    }while(__❷__);
14    cout<<x1;
15 }
```

语句①：________________

语句②：________________

4. 编写程序

试编写一个程序，实现输入一个正整数，输出该数是几位数。例如，输入 123，输出 3；输入 334455，输出 6。

求水仙花数
——for 循环嵌套

读故事

数学上有一种数被称为水仙花数。水仙花数是指一个三位数，它等于自己各个数位上数字的立方和，如 $371=3^3+7^3+1^3$。

编程任务：试编写一个程序，求出所有的水仙花数。

```
153=1^3+5^3+3^3
370=3^3+7^3+0^3
371=3^3+7^3+1^3
407=4^3+0^3+7^3
```

求水仙花数

理思路

1. 理解题意

由题目可知，要求的水仙花数为三位数，故本程序中定义 a、b、c 这 3 个变量分别代表百位数、十位数和个位数，该三位数 $x=a\times100+b\times10+c$。其中，百位数 a 的取值范围为 1 ~ 9，十位数 b 的取值范围为 0 ~ 9，个位数 c 的取值范围为 0 ~ 9。

2. 问题思考

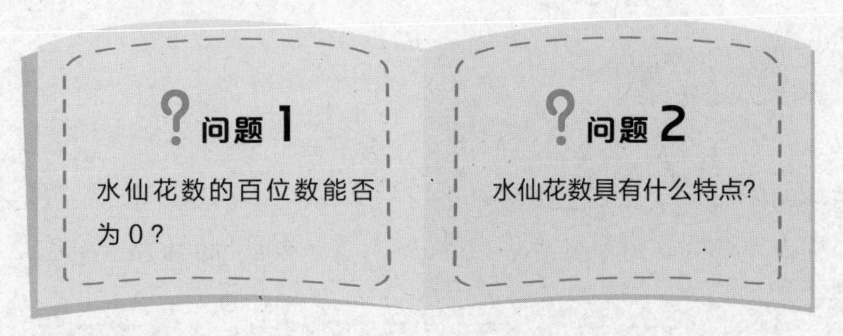

3. 算法分析

本题所求的水仙花数 x 是一个三位数，可以使用 3 个整型变量 a、b、c 来代表百位数、十位数和个位数。根据数学知识可知，该三位数 x=a*100+b*10+c。因为是三位数，所以百位数不能为 0，且 a 的取值范围只能为 1 ~ 9；而十位数 b 的取值范围为 0 ~ 9；个位数 c 的取值范围为 0 ~ 9。因此，可使用 for 循环嵌套解决该问题，求解过程如下，程序流程图如右图所示。

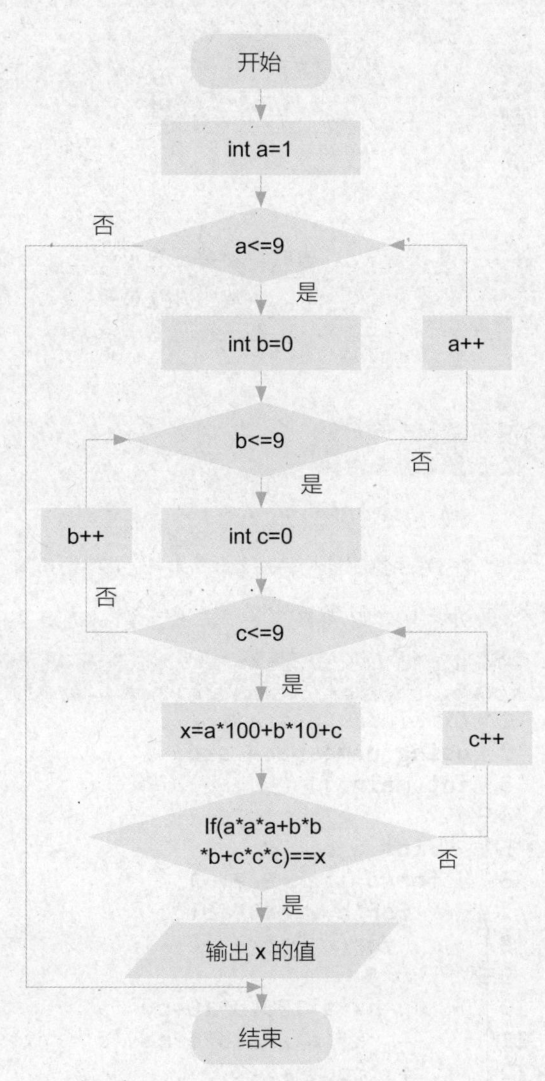

第 1 步：使用第一层循环列举百位数字。

第 2 步：使用第二层循环列举十位数字。

第 3 步：使用第三层循环列举个位数字。

第 4 步：计算三位数并判断是否满足条件。

在 C++ 中，一个循环体内又包含另一个完整的循环结构称为循环的嵌套，又称多重循环。常用的循环嵌套是双重循环，外层循环称为外循环，内层循环称为内循环。for 循环嵌套的格式如下。

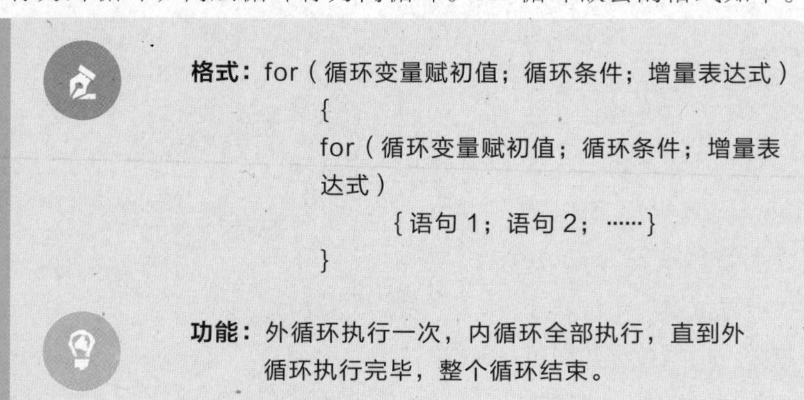

格式：for（循环变量赋初值；循环条件；增量表达式）
{
for（循环变量赋初值；循环条件；增量表达式）
{语句 1；语句 2；……}
}

功能：外循环执行一次，内循环全部执行，直到外循环执行完毕，整个循环结束。

1. 编程实现

在代码编辑区编写程序代码，并以“4-16-1.cpp 第 16 课　求水仙花数——for 循环嵌套”为文件名保存。

文件名　4-16-1.cpp　第 16 课　求水仙花数——for 循环嵌套

```
1  #include<iostream>
2  using namespace std;
3  int main()
4  {
5     int a,b,c,x;
6    for(a=1;a<=9;a++)
7      for(b=0;b<=9;b++)
8       for(c=0;c<=9;c++)
9        {
10        x=a*100+b*10+c;
11        if(a*a*a+b*b*b+c*c*c==x)
12        cout<<x<<" ";
13        }
14 }
```

2．测试程序

编译并运行程序，程序运行结果如下图所示。

```
153 370 371 407
```

3．程序解读

由于水仙花数为三位数，可表示为 x=a*100+b*10+c，因此，只要满足 a*a*a+b*b*b+c*c*c==a*100+b*10+c，即可输出要求的水仙花数。

4．易犯错误

因为水仙花数是一个三位数，百位数不能为 0（当百位数为 0 时，就变成两位数了），所以百位数 a 的取值范围为 1 ～ 9，而不能为 0 ～ 9。

5．拓展应用

一个炊事员上街采购，用 500 元钱买了 90 只鸡，其中母鸡一只 15 元，公鸡一只 10 元，小鸡一只 5 元，正好把钱花完。问母鸡、公鸡、小鸡各买了多少只？

假设母鸡 i 只，公鸡 j 只，则小鸡为 $90-i-j$ 只，并且 $15\times i+10\times j+(90-i-j)\times 5=500$。显然，在一个方程中是不能直接求解两个未知数的。必须使用循环嵌套列出所有可能的 i 和 j 的值，看是否满足条件。这里 i 的取值范围是 1 ～ 33（$500\div 15\approx 33$），j 的取值范围是 1~50（$500\div 10=50$）。

根据上述分析，编写程序代码如下。

```
#include<iostream>
using namespace std;
int main()
{
  int k;
  for (int i=1;i<=33;++i)                    //枚举母鸡的数量
  for (int j=1;j<=50;++j)                    //枚举公鸡的数量
  {
    k=90-i-j;
    if (15*i+10*j+k*5==500)
    cout<<"母鸡有"<<i<<"只,"<<"公鸡有"<<j<<"只,"<<"小鸡有"<<k<<"只
" <<endl;
  }
  return 0;
}
```

1. 循环嵌套的特点

循环嵌套的特点是在循环体中又包含循环语句，而如下两个循环语句是并列的关系，不是包含的关系，因此它不是循环嵌套。

```
for(i=1;i<=4;i++)
cout<<"*";
for(i=;i<=5;i++)
cout<<"*";
```

2. 循环嵌套的其他格式

除了 for 循环嵌套格式外，while 和 do-while 语句的循环体中也可以有循环嵌套，常用的几种格式如下。

格式 1: while( )
{
while ( )
{
……
}
}
	格式 2：while( )
	{
	do
	{
	……
	}while( );
	}
		格式 3：while( )
		{
		for( )
		{
		……
		}
		}

格式 4: do
{
for ( )
{
……
}
} while( );
	格式 5：do
	{
	do
	{
	……
	} while( );
	} while( );
		格式 6：do
		{
		while( )
		{
		……
		}
		} while( );

1. 修改程序

下面这段程序的功能是在屏幕上输出由“*”构成的 5 行 ×6

列的图形，其中有两处错误，快来改正吧！

练习 1

```
1  #include<iostream>
2  using namespace std;
3  int main()
4  {
5      int i,j;
6      for(i=1;i<=6;i++) ——— ❶
7       {
8      for(j=1;j<=5;j++) ——— ❷
9       cout<<"*";
10      cout<<endl;
11      }
12 }
```

程序运行结果如下。

修改程序：①________

②________

2. 阅读程序写结果

阅读下面的程序，并写出输出结果。

练习 2

```
1  #include<iostream>
2  using namespace std;
3  int main()
4  {
5     int i,j;
6    for(i=1;i<=3;i++)
7     {
8     for(j=1;j<=5;j++)
9         cout<<j;
10        cout<<endl;
11    }
12 }
```

输出：________

3. 完善程序

下面这段程序的功能是输出由“*”构成的直角三角形，请补充缺失的语句，使程序完整。

练习 3

```
1  #include<iostream>
2  using namespace std;
3  int main()
4  {
5      int i,j;
6     for(i=1;❶____;i++)
7      {
8       for(j=1;❷____;j++)
9         cout<<"*";
10        cout<<endl;
11     }
12 }
```

程序运行结果如下。

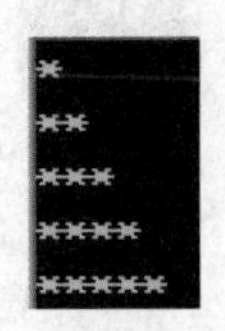

语句①：________________

语句②：________________

4. 编写程序

哥德巴赫猜想：任何一个大于 2 的偶数都可由两个素数之和来表示。试编写程序，将 4 ~ 100 中的所有偶数分别用两个素数之和来表示，输出结果如下。

4=2+2

6=3+3

……

100=3+97

第5单元
物以类聚——数组

通过前面单元的学习，我们已经知道 C++ 中各类型变量的重要性。随着问题的深入，程序变得越来越复杂，所需要的变量也越来越多。因此，我们不得不考虑将一系列的字符串或数据等信息集中存储在一起，以便于管理和组织。

在 C++ 中，借鉴了生活中分类编号的思想，引入数组来解决处理批量数据的问题。数组是类型相同的一组数据的集合，如全班同学的成绩、身高等。依据其维数的不同，数组又分为一维数组、二维数组。下面让我们一起揭开数组的神秘面纱吧！

学习内容

第17课

操场列队——一维数组

方舟中学国旗班是一个保护国旗、负责升降国旗的有组织、有纪律的集体。每学期开学，国旗班都会选拔一批新成员。新成员到位后，需要将其按照他们的身高进行列队。

编程任务： 试编写一个程序，实现输入6位新成员的身高数据，按从大到小的排列顺序输出新成员的身高数据。

1. 理解题意

本程序要实现对新成员的身高数据按从大到小的顺序排序的功能，首先要输入6位新成员的身高数据，然后两两比较，如果前一位新成员的身高数据比后一位新成员的小，则交换数据位置，直至最后按从大到小的顺序输出结果。

2. 问题思考

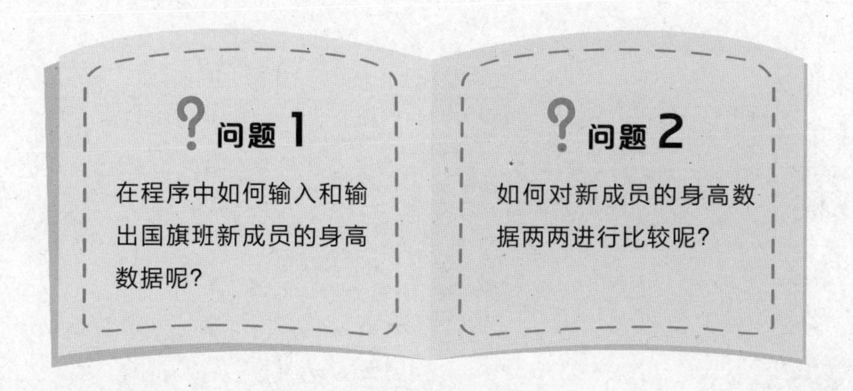

3. 算法分析

在程序中，定义一维数组 num[6]，其下标为 0 ~ 5，共有 6 个数组元素，用于存放国旗班新成员的身高数据，然后使用循环语句读入身高数据并进行比较。算法描述过程如下。

第 1 步：定义输入、排序、输出过程中的循环变量 i、j、k、b 及数组 num[6]，定义变量 a 用于临时存储需要交换的数据。

第 2 步：使用 for 语句分别读取新成员的身高数据。

第 3 步：利用选择排序法进行排序，即第 1 次从 6 位新成员中选出个头最高的成员，将其身高数据存放在数组中的起始位置，然后从其余未排序的 5 位新成员中选出最高的成员，将其身高数据放在数组中已排序成员身高数据的后面。以此类推，直到全部 6 位新成员的身高数据排序完毕。

第 4 步：按从大到小的顺序，输出排序后的身高数据。

程序流程图如下页图所示。

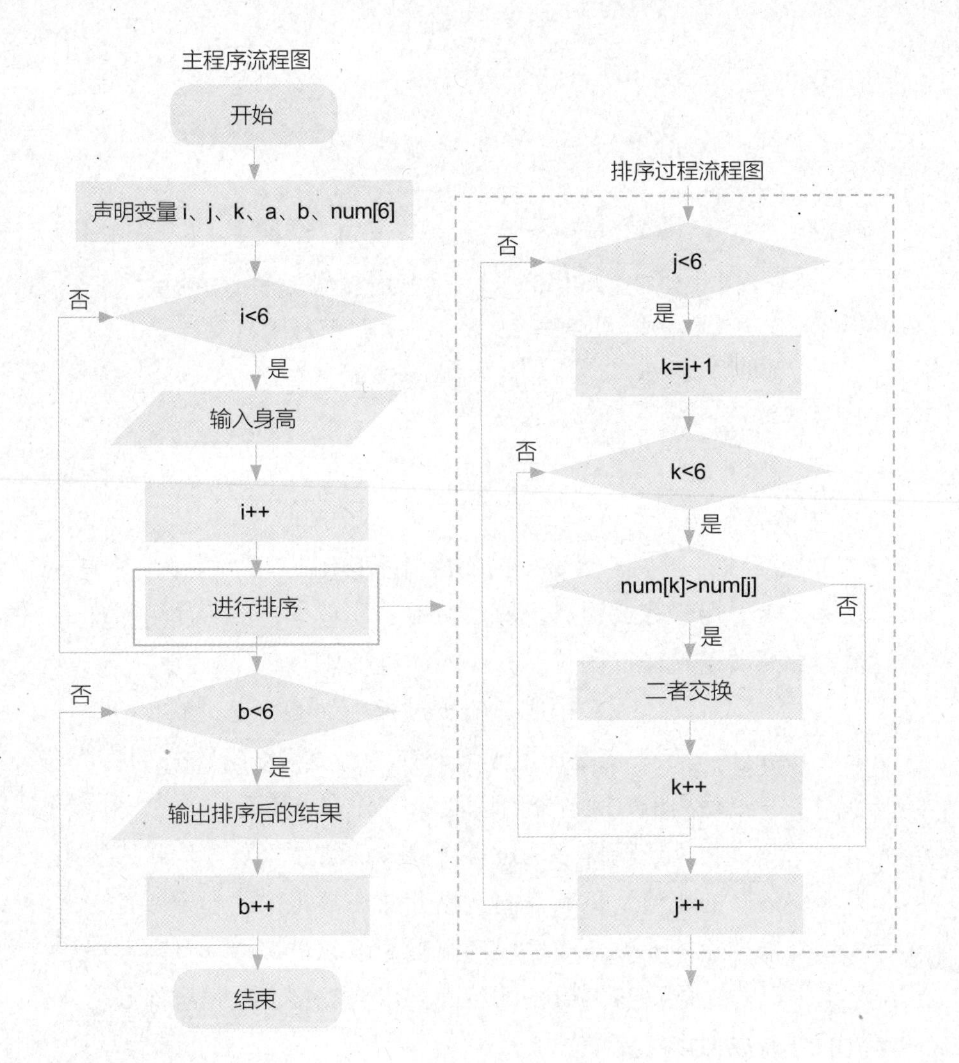

1. 一维数组的定义

一维数组就是一个具有单一数据类型的数据集合，每个数据称为数组元素。

一维数组的一般格式如下。

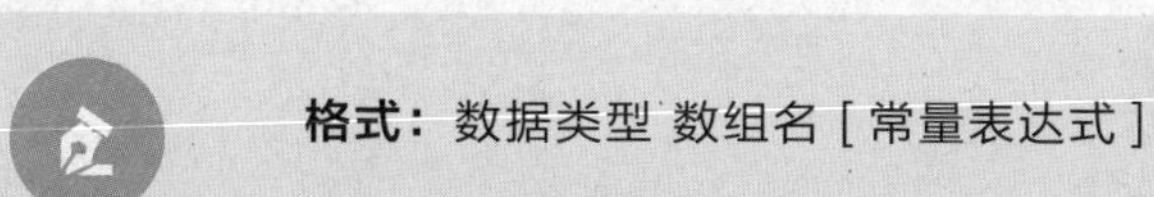

格式： 数据类型 数组名 [常量表达式]

功能： 数据类型表示数组中所有元素的类型；数组名表示该数组变量的名称。常量表达式定义了数组中存放的数据元素的个数，即数组长度。

定义数组时需注意：

（1）数组名的命名规则与变量名的命名规则相同；

（2）在定义数组时，需指定数组的元素个数。

2．一维数组元素的引用

每个数组元素都是一个变量，一维数组元素的引用格式如下：

数组名 [下标]

例如：

```
int a[6];
```

其中，int 表示数组元素的类型为整型，a 表示数组名，6 表示数组中有 6 个元素，下标从 0 开始，到 5 结束，即 a[0]、a[1]、a[2]、a[3]、a[4]、a[5], 如下图所示。

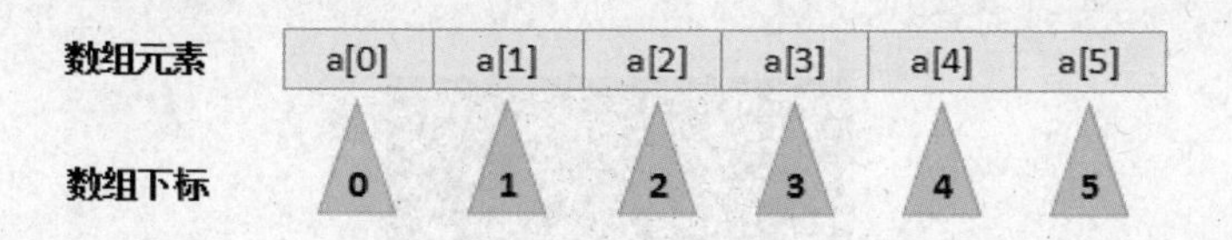

每个数组下标可以是整型变量，也可以是整型的表达式（含调用函数）。例如，若 i、j 都是 int 型的变量，则 num[5]、num[i+j]、num[i++] 都是合法的数组元素。

可以通过对下标值进行控制，达到灵活处理数组元素的目的。引用数组时，下标值应在数组定义的下标值范围内。

1．编程实现

在代码编辑区编写程序代码，并以“5-17-1.cpp 第 17 课　操场列队——一维数组”为文件名保存。

文件名　5-17-1.cpp　第 17 课　操场列队——一维数组

```
1  #include <iostream>
2  using namespace std;
3  int main()
4  {
5      int i,j,k,a,b,num[6];
6      for(i=0;i<6;i++)      //输入6位新成员的身高数据
7         cin>>num[i];
8      for(j=0;j<6;j++)      //进行身高数据排序
9      {
10      for(k=j+1;k<6;k++)
11        if(num[k]>num[j])
12         {a=num[j]; num[j]=num[k]; num[k]=a;}
13     }
14     for(b=0;b<6;b++)      //输出排序后的身高数据
15       cout<<num[b]<<endl;
16     return 0;
17 }
```

2．测试程序

编译并运行程序，输入数据：165 154 175 170 168 172。

程序运行结果如下图所示。

3．程序解读

本程序利用了选择排序的基本思想对国旗班新成员的身高数据进行排序，即通过两两比较选出最大元素，然后交换位置。其中，关键行语句的作用如下。

第 5 行语句定义了 4 个循环变量 i、j、k、b，1 个用于临时存储数据的变量 a，1 个用于保存 6 位新成员身高数据的数组 num[6]。

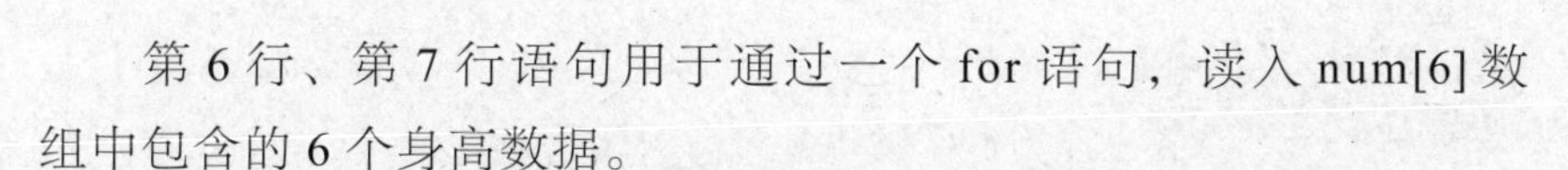

第 6 行、第 7 行语句用于通过一个 for 语句，读入 num[6] 数组中包含的 6 个身高数据。

第 8 ~ 13 行语句的作用是通过两个 for 语句进行数据大小的比较，当数组中的后一个数据大于前一个数据时，则通过变量 a 进行交换。

第 14 行、第 15 行语句的作用是通过一个 for 语句，输出排序后的 num[6] 数组中的身高数据。

4. 易犯错误

本程序中，第 8 行语句的作用是控制数组从 num[0] 开始取值，并且 num[i] 要与 num[i+1]、num[i+2]……num[5] 进行比较，所以第 10 行语句变量 k 的初始值要从 j+1 开始。

第 12 行语句的作用是交换数组元素，代表数组下标的变量 j 与 k 的关系要明确，即 k=j+1，不能搞错。

5. 拓展应用

本例中的问题，除了利用选择排序的思想来解决，还可以利用冒泡排序的思想来解决：从第一个元素开始，依次不断地比较相邻的两个元素，如果第一个元素比第二个元素大，则交换两个元素的位置。这样一趟排序结束后，最大的元素就放在了最后一位，实现代码如下。

```
#include <iostream>
using namespace std;
int main()
{
    int i,j,a,b,num[6];
    for(i=0;i<6;i++)
        cin>>num[i];
    for(i=0;i<6;i++)              //外循环控制排序趟数
      for(j=0;j<=6-i;j++)       //内循环控制每趟比较的次数
        if(num[j]<num[j+1])
          {a=num[j]; num[j]=num[j+1]; num[j+1]=a;}
    for(i=0;i<6;i++)
      cout<<num[i]<<endl;
    return 0;
}
```

1. 为一维数组赋值

通过前面的学习，我们知道定义变量之后要给变量赋值。同样，定义数组之后也要给数组赋值。一维数组的赋值方式有以下3种。

● **直接对数组元素赋初始值：**将数组中的元素值放在花括号中。例如：

```
int num[6]={165,154,175,170,168,172};
```

经过定义和初始化之后，数组中的元素为num[0]=165，num[1]=154，num[2]=175，num[3]=170，num[4]=168，num[5]=172，如下图所示。

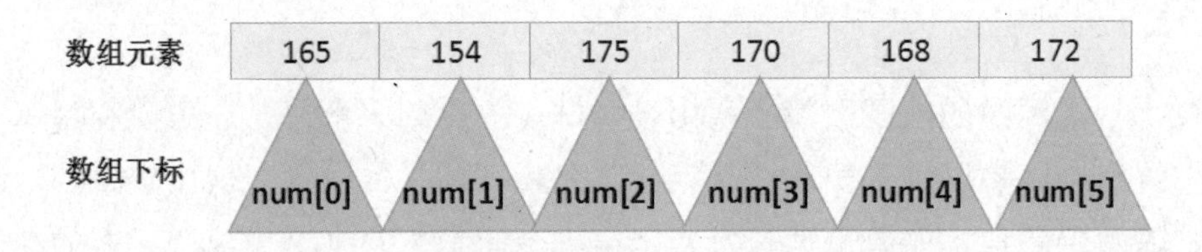

● **只给一部分数组元素赋值：**未赋值的部分，其数组元素值为0。例如：

```
int num[6]={165,154,175};
```

表示数组变量中包含6个元素，只不过在初始化时只给其中的3个元素赋值，于是数组中前3个元素的值对应花括号里给出的值，没有被赋值的元素被默认赋值为0，如下图所示。

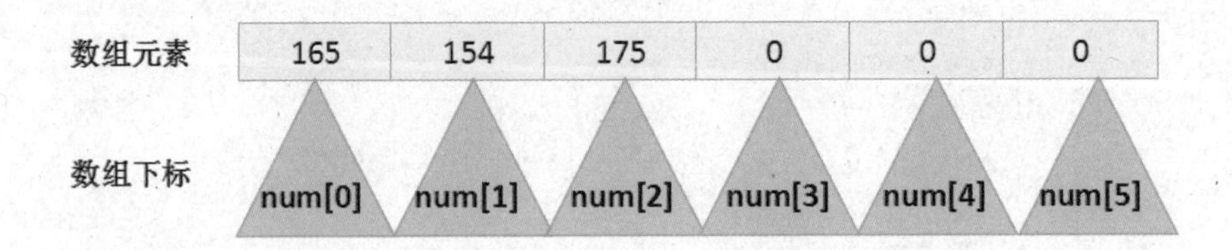

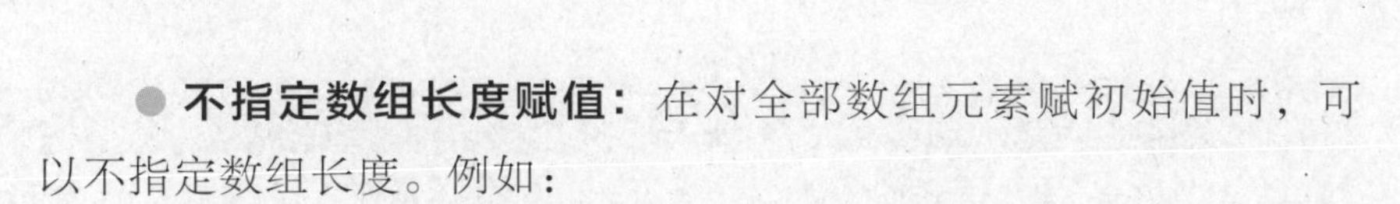

● **不指定数组长度赋值：**在对全部数组元素赋初始值时，可以不指定数组长度。例如：

```
int num[ ]={165,154,175,170};
```

这一行代码的花括号中有 4 个元素，系统会根据给定的初始化元素值的个数来定义数组的长度为 4，如下图所示。

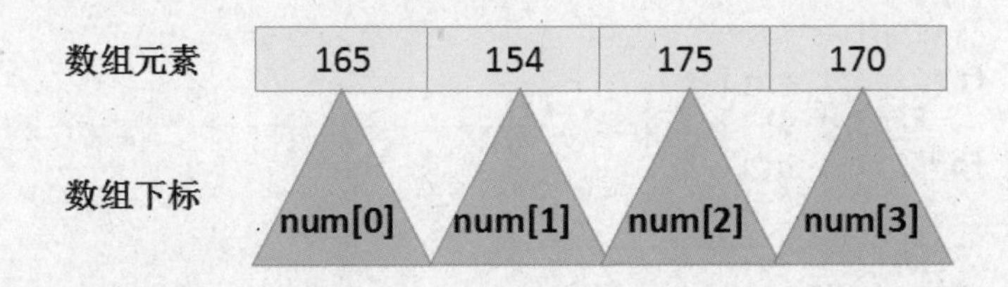

2. 数组越界

所谓数组越界，是指程序运行时访问的数组元素不在数组的存储空间内。例如，定义数组 num[6]，表示数组的长度为 6，在编写程序时，数组的元素个数可以等于 6，也可以少于 6，但不能超出 6。如果超出 6，就会出现数组越界错误。在编译、运行程序时，系统不会自动检查数组下标，故数组越界的错误不易被发现。但它会让程序访问超出数组边界的存储单元，造成内存混乱、程序运行结果错误。

1. 修改程序

一个楼梯有 n 级，陈浩同学从下往上走，一步可以跨一级，也可以跨两级。问：他走到第 n 级楼梯有多少种走法？下面这段程序的功能就是求陈浩同学的走法有多少种，其中有两处错误，快来改正吧！

练习 1

```
1  #include <iostream>
2  using namespace std;
3  int main()
4  {
5     int f[31],n,i;  //f[i]表示走到第i级楼梯的走法
6     f[0]=1;  ———————————————— ❶
7     f[2]=2;
8     cin>>n;
9     for(i=3;i<=n;i++)
10       f[n]=f[i-1]+f[i-2]; ———————————— ❷
11    for(i=1;i<n;i++)
12       cout<<f[i]<<" ";
13    cout<<f[n];
14    return  0;
15 }
```

修改程序：①________________

②________________

2. 阅读程序写结果

给定 n 个旗手的身高数据（均为 150 ~ 200 的整数），下面一段程序可以实现什么功能呢？请写出程序的运行结果。

练习 2

```
1  #include<iostream>
2  using namespace std;
3  const int maxn=1000;
4  int main(){
5      int n,a[maxn+1],sum=0;
6              //定义变量及存储身高数据的数组
7      int avg=0;
8      cin>>n;  //输入人数
9      for(int i=1; i<=n; i++)
10     {
11         cin>>a[i];       //输入数组
12         avg += a[i];     //累加求和
13     }
14     avg/=n;
15     for(int i=1; i<= n; i++)
16         if(a[i]>avg) sum++;
17     cout<<sum;      //输出结果
18     return 0;
19 }
```

输出：________________

3. 完善程序

下面这段程序的功能是输入 7 位申请加入国旗班的同学的身高数据，输出符合条件的同学的序号及身高数据。请在横线处填写缺失的语句，使程序完整。

练习 3

```
1  #include <iostream>
2  using namespace std;
3  int main()
4  {
5    int a[7],i,j;
6    for(i=0;i<=6;i++)
7      ❶______________
8    for(j=0;j<=6;j++)
9      {
10     if( ❷______________ )
11     cout<<j+1<<"   "<<a[j]<<endl;
12     }
13    return 0;
14 }
```

语句①：______________

语句②：______________

4. 编写程序

判断一个正整数 n 是否能被一个幸运数整除。幸运数是指一个只包含 3 或 5 的正整数，如 3、35、355 等都是幸运数，15、32 则不是幸运数。

输入格式要求：

一行一个正整数 n，$1 \leqslant n \leqslant 1000$。

输出格式要求：

一行一个字符串，如果正整数 n 能被幸运数整除，则输出“YES”，否则输出“NO”。

输入样例：35

输出样例：YES

试编写一个程序，实现上述功能。

第18课 体能测试——二维数组

扫一扫，看视频

读故事

为促使学生积极参加体育运动，养成良好的锻炼身体的习惯，方舟中学对学生进行了体能测试。测试项目分别是身高体重测量、台阶测试、50米跑测试及握力测试。测试后，评价分数以100分进行计分，各项评价分数的加权分值是身高体重测量为15分，台阶测试为20分，50米跑测试为35分，握力测试为30分。

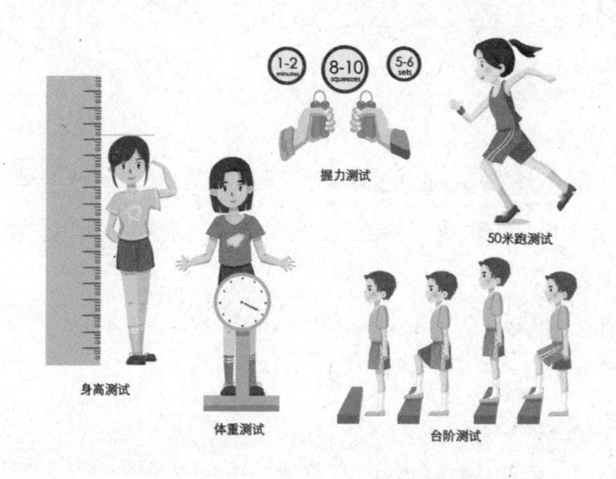

编程任务： 现有5个学生参加测试，根据标准进行评价后，已统计出5个学生每项测试的相应评价分数。要求：输入测试序号及相应的评价分数，输出该测试序号及该学生的体能测试总分。

1. 理解题意

本题其实就是输入每个学生各项测试的成绩，最后计算出每个学生的体能测试总分。解决问题的关键就是存储每个学生的测试序号和体能测试成绩。

2. 问题思考

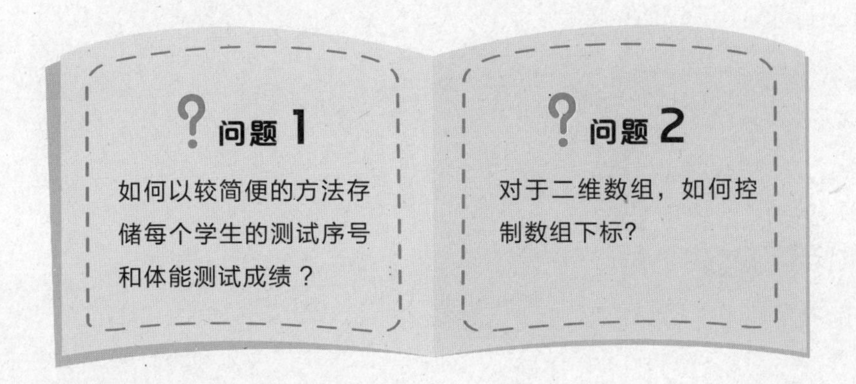

3. 算法分析

每个学生的测试序号和体能测试成绩，可以分别用 6 个一维数组来存储，但这样的处理过程比较繁琐。在实际解题过程中，可以使用二维数组存储每个学生的测试序号和体能测试成绩。

定义二维数组 a[5][6]，用于存储每个学生的测试序号、体能测试成绩。一维数组通常用一重循环来控制数组下标，二维数组就需要用二重循环来控制数组下标：一重控制行，表示学生的测试序号；另一重控制列，表示某个学生的各项测试结果。

通过上述分析，本程序的实现过程如下。

第 1 步：用二重循环读入 5 个学生的测试序号、各项测试成绩。

第 2 步：计算每个学生的体能测试总分。

第 3 步：输出成绩。

程序流程图如下页图所示。

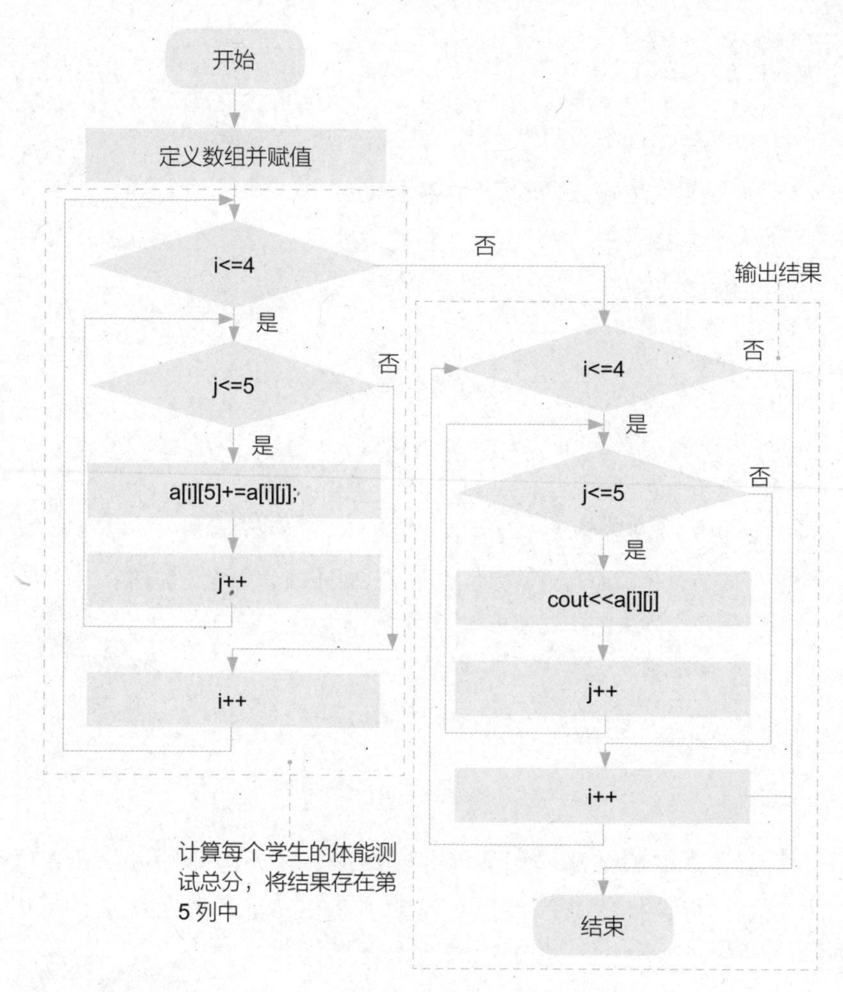

1. 二维数组的定义

在 C++ 中，二维数组是按行排列的，即按顺序存放。通常二维数组中的第一维表示行下标，第二维表示列下标，行下标与列下标都是从 0 开始的。与一维数组的定义方法类似，二维数组定义的一般格式如下。

格式： 数据类型 数组名[常量表达式1][常量表达式2];

功能： 定义一个二维数组。常量表达式1表示第一维的大小，常量表达式2表示第二维的大小，常量表达式1和常量表达式2的乘积结果就是二维数组的元素个数。

例如，int num[4][6]表示数组num有24（4×6）个元素，每个元素都是int型。可以把二维数组看成一个特殊的一维数组，即num是一个含有4个元素的一维数组：num[0] ~ num[3]。每个元素又是含有6个元素的一维数组。数组num[0]相当于num[0][0]、num[0][1]、num[0][2]、num[0][3] 、num[0][4]、num[0][5]。 从形式上可以把二维数组看成一张表格或一个矩阵，如下表所示。

num[0][0]	num[0][1]	num[0][2]	num[0][3]	num[0][4]	num[0][5]
num[1][0]	num[1][1]	num[1][2]	num[1][3]	num[1][4]	num[1][5]
num[2][0]	num[2][1]	num[2][2]	num[2][3]	num[2][4]	num[2][5]
num[3][0]	num[3][1]	num[3][2]	num[3][3]	num[3][4]	num[3][5]

2. 二维数组元素的引用

二维数组元素的引用与一维数组元素的引用类似，数组元素共用一个名称，可以使用下标对每一个数组元素进行引用，二者的区别仅在于二维数组元素的引用必须给出两个下标。

二维数组元素的引用格式如下。

<数组名>[下标1][下标2];

下标1代表行下标，从0开始；下标2代表列下标，也是从0开始的。显然，每个下标的取值不应超出下标所指定的范围，否则会导致越界错误。

1. 编程实现

在代码编辑区编写程序代码，并以“5-18-1.cpp 第 18 课　体能测试——二维数组”为文件名保存。

文件名　5-18-1.cpp　第 18 课　体能测试——二维数组

```
1  #include <iostream>
2  using namespace std;
3  int main()
4  {
5    int a[5][6]={{1,15,20,35,30},{2,14,18,35,25},
6                 {3,15,20,30,20},{4,13,15,28,26},
7                 {5,14,19,34,29}};
8                 //定义一个二维数组，并给数组赋值
9    for(int i=0;i<=4;i++)
10      for (int j=1;j<=4;j++)
11        a[i][5]+=a[i][j];
12        //计算每个学生的体能测试总分，并存入数组
13   for(int i=0;i<=4;i++)
14    {
15     for (int j=0;j<=5;j++)
16       cout<<a[i][j]<<"    ";//输出二维数组
17     cout<<endl;
18    }return  0;
19 }
```

2. 测试程序

编译并运行程序，程序运行结果如下图所示。

```
1     15     20     35     30     100
2     14     18     35     25     92
3     15     20     30     20     85
4     13     15     28     26     82
5     14     19     34     29     96
```

3. 程序解读

在本程序中，第 5 ~ 7 行语句的作用是定义了一个二维数组 a，包含了 30（5×6）个元素，其中第 1 列用于存储参加测试的学生

的测试序号，第 2 列用于存放学生的身高体重测量的评价分数，第 3 列用于存放台阶测试的评价分数，第 4 列用于存放 50 米跑测试的评价分数，第 5 列用于存放握力测试的评价分数，第 6 列用于存放每个学生的体能测试总分。赋值时缺省，表示该项初始值默认为 0，各数组元素值如下表所示。

a[0][0]=1	a[0][1]=15	a[0][2]=20	a[0][3]=35	a[0][4]=30	a[0][5]=0
a[1][0]=2	a[1][1]=14	a[1][2]=18	a[1][3]=35	a[1][4]=25	a[1][5]=0
a[2][0]=3	a[2][1]=15	a[2][2]=20	a[2][3]=30	a[2][4]=20	a[2][5]=0
a[3][0]=4	a[3][1]=13	a[3][2]=15	a[3][3]=28	a[3][4]=26	a[3][5]=0
a[4][0]=5	a[4][1]=14	a[4][2]=19	a[4][3]=34	a[4][4]=29	a[4][5]=0

第 9 ~ 11 行语句的作用是从第 1 个学生开始，计算每个学生的体能测试总分，并将其存储在 a[i][5] 数组中。

第 13 行语句的作用是控制行数。

第 15 行语句的作用是控制列数。

第 16 行语句的作用是输出数组元素。

第 17 行语句的作用是表示每行结束后，输出一个回车符，用于换行。

4. 易犯错误

第 10 行语句中，j 变量的初始值为 1，终值为 4，用于计算 4 项评价分数的总和，不能从 0 开始赋初始值，否则会将测试序号一起计入总分中。

第 17 行语句用于控制每个学生的测试数据输出结束后换行，不能在行循环外执行。

5. 拓展应用

通过前面的案例，我们已经知道了如何输出每个学生的体能测试总分，也就是让数组元素按行进行累加。同理，我们可以按列进行累加，计算出本次各项测试的平均分，实现此功能的关键就是要在数组中找到同列的元素数据，程序代码如下。

```
#include <iostream>
using namespace std;
int main()
{
    int a[6][6]={{1,15,20,35,30},{2,14,18,35,25},
                 {3,15,20,30,20},{4,13,15,28,26},
                 {5,14,19,34,29}};
    for(int i=0;i<=4;i++)
        for (int j=1;j<=5;j++)
            a[5][j]+=a[i][j];      //计算所有学生的单项测试总得分
   for (int j=1;j<=5;j++)
            a[5][j]/=5;      //计算单项测试平均分
    for(int i=0;i<=5;i++)
     {
      for (int j=0;j<=4;j++)
         cout<<a[i][j]<<"     "; //输出数组
      cout<<endl;
     }return   0;
}
```

1. 为二维数组赋值

定义一个二维数组之后，要为二维数组赋值。为二维数组赋值一共有 5 种方式，分别如下。

● **按数组元素的排列顺序对元素赋值：** 将数组中的元素值依次放在花括号中。例如：

int num[2][2]={1,2,3,4};

赋值后的各数组元素值如下图所示。

num[0][0]=1	num[0][1]=2
num[1][0]=3	num[1][1]=4

● **只给一部分数组元素赋值：** 如果花括号内的数组元素的个数

少于数组元素的个数，则后面未被赋值的元素值将默认为 0。例如：

```
int num[2][2]={1,2};
```

赋值后的各数组元素值如下图所示。

num[0][0]=1	num[0][1]=2
num[1][0]=0	num[1][1]=0

- **省略行下标赋值：** 在为数组元素赋值时，可以省略行下标，但是不能省略列下标，系统会根据数组的个数进行分配。例如：

```
int num[ ][3]={1,2,3,4,5,6};
```

数组 num 一共有 6 个数据，而每行分为 3 列，可以确定数组为 2 行，如下图所示。

num[0][0]=1	num[0][1]=2	num[0][2]=3
num[1][0]=4	num[1][1]=5	num[1][2]=6

- **分行给数组赋值：** 将数组中的元素值放在花括号中，对各行分开赋值。例如：

```
int num[2][3]={{1,2,3},{4,5,6}};
```

在分行赋值时，也可以只对部分元素赋值。例如：

```
int num[2][3]={{1,2},{4,5}}
```

赋值后的各数组元素值如下图所示。

num[0][0]=1	num[0][1]=2	num[0][2]=0
num[1][0]=4	num[1][1]=5	num[1][2]=0

- **直接对数组赋值：** 直接为每一个数组元素赋值。例如：

```
int num[2][3];
num[0][0]=1;
num[0][1]=2;
```

2. 二维数组元素的存放

二维数组中的元素在计算机内存中是按行存放的，即先按顺序存放第 1 行的元素，再存放第 2 行的元素，依次类推。下图所示为

a[3][6] 数组存放元素的顺序，依然是从 a[0][0] 开始按行存放元素。

a[0][0] ,a[0][1], a[0][2], a[0][3], a[0][4], a[0][5]
a[1][0] ,a[1][1], a[1][2], a[1][3], a[1][4], a[1][5]
a[2][0] ,a[2][1], a[2][2], a[2][3], a[2][4], a[2][5]

1. 修改程序

下面这段程序的功能是输入两个学生的测试序号及语文、数学两科的测试成绩，程序自动输出测试序号、测试成绩及该学生的总分。其中有两处错误，快来改正吧！

练习 1

```
1  #include <iostream>
2  #include <cstring>        //包含memset( )函数的头文件
3  using namespace std;
4  int main()
5  {
6    int a[2][4];
7    memset(a,0,sizeof(a)); //初始化数组为0
8    for(int i=0;i<=2;i++)  ———————— ❶
9      {
10      cin>>a[i][0];
11      for (int j=1;j<=2;j++)
12        {
13         cin>>a[i][j];
14         a[i][2]+=a[i][j]; //计算总分 ———— ❷
15        }
16     }
17    for(int i=0;i<2;i++)
18    {
19     for (int j=0;j<4;j++)
20       cout<<a[i][j]<<"  ";
21       cout<<endl;      //输出数组元素
22    }
23    return  0;
24 }
```

修改程序：①________________

②________________

2. 阅读程序写结果

阅读下面的程序，思考数组元素的位置发生了怎样的改变，并写出程序运行结果。

练习 2

```
1  #include <iostream>
2  #include <iomanip>
3  using namespace std;
4  const int n=3;
5  int a[n+1][n+1];//定义二维数组
6  int main()
7  {
8     for(int i=1;i<=n;i++)
9       for (int j=1;j<=n;j++)
10        {
11         cin>>a[i][j];   //输入数组
12        }
13    for(int i=1;i<=n;i++)
14    {
15     for (int j=1;j<=n;j++)
16       cout<<setw(5)<<a[j][i];
17       cout<<endl;
18    }
19   return  0;
20 }
```

输入：

```
1 2 3
4 5 6
7 8 9
```

输出：________________

3. 完善程序

下面这段程序的功能是输入一个正整数 n，输出 $n \times n$ 的回形方阵。例如，当 n=5 时，输出：

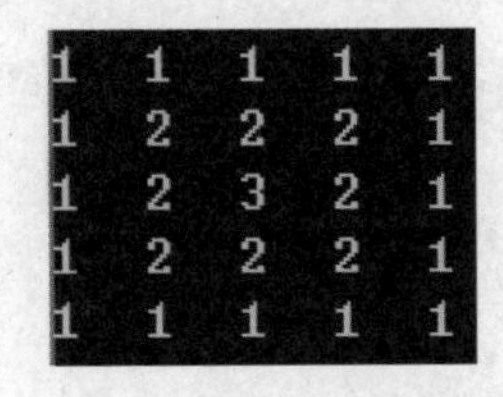

请在横线处填写缺失的代码，使程序完整。

练习 3

```
1  #include <iostream>
2  using namespace std;
3  int main()
4  {
5     int n,i,j,k,a[10][10];
6     cin>>n;
7     for(k=1;k<=(n+1)/2;k++)//采用一圈一圈赋值的方法给数组赋值
8       for (i=k;i<=n+1-k;i++)
9         for(j=k;j<=n+1-k;j++)
10             ________❶________
11    for(i=1;i<=n;i++)
12      {
13      for (j=1;j<=n;j++)
14             ________❷________
15     cout<<endl;
16 }
17   return  0;
18 }
```

语句①：________________

语句②：________________

4．编写程序

杨辉三角形的前 10 行如下图所示。编写一个程序，使其自动输出杨辉三角形的前 10 行。

```
                          1
                       1     1
                    1     2     1
                 1     3     3     1
              1     4     6     4     1
           1     5    10    10     5     1
        1     6    15    20    15     6     1
     1     7    21    35    35    21     7     1
  1     8    28    56    70    56    28     8     1
1     9    36    84   126   126    84    36     9     1
```

第 19 课

特长统计
——字符数组

为使优秀的校园人才能更好地发挥所长、展现实力，方舟中学正在开展校园人才库档案信息收集工作。近期，校团委对七年级学生展开了一次特长统计调查，调查的内容包括班级、姓名、特长及专业级别等。

编程任务：为学生建立校园人才库档案信息，包括班级、姓名、特长及专业级别等信息，并输出该学生的信息。

1．理解题意

本题其实就是建立一个二维数组，对多段信息进行记录，包括班级、姓名、特长及专业级别等信息。

2．问题思考

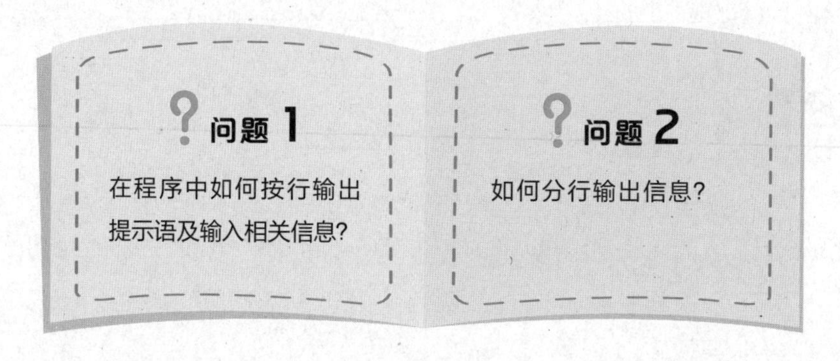

3．算法分析

如果数组中的每个元素都是一个字符，则这样的数组就称为字符数组。在 C++ 中，字符数组常用来存放字符串，完成一段信息的记录，但是对多段信息的存放，则需要定义二维字符数组。对本题来说，就可以定义一个二维字符数组 tc[4][20]，其中 tc[0] 用于存放班级信息，tc[1] 用于存放姓名信息，tc[2] 用于存放特长信息，tc[3] 用于存放专业级别信息。

本题的求解过程如下。

第 1 步：定义二维字符数组 tc[4][20]，每个信息段字符数为 20；定义二维字符数组 ts[ ][9]，每个信息段字符数为 9，包含字符串结束符。

第 2 步：使用循环语句输出提示语并输入相关信息。

第 3 步：输出建立的档案信息。

程序流程图如下页图所示。

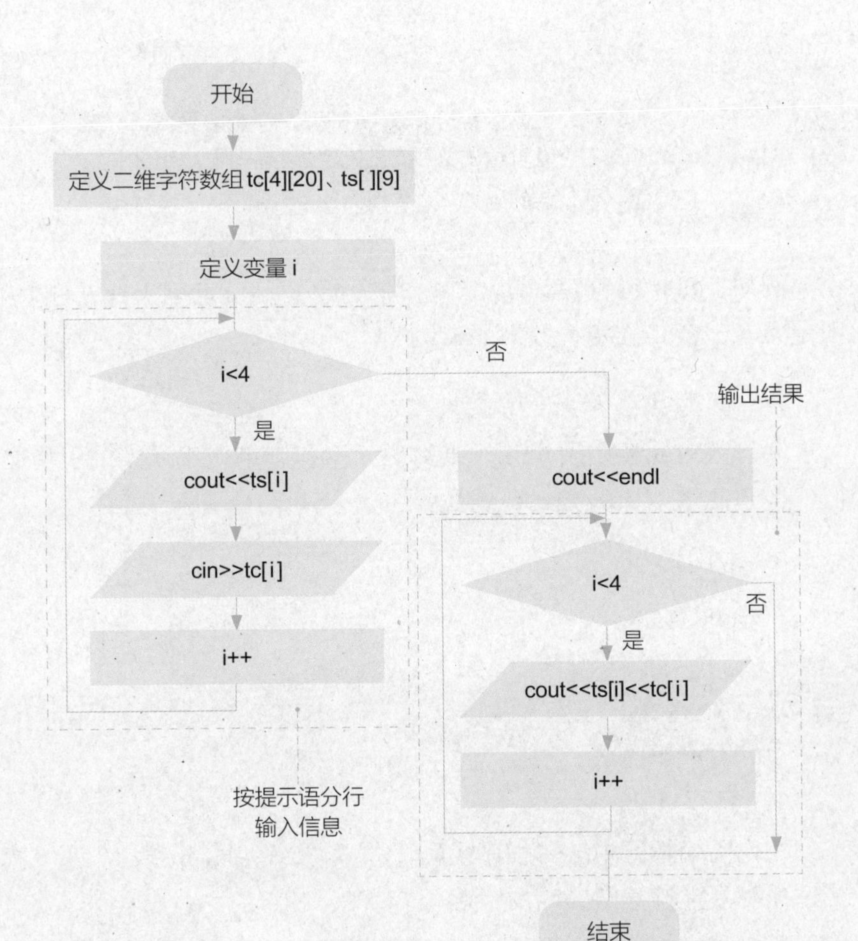

1. 字符数组的定义

字符数组的定义与一维数组和二维数组的定义类似，只是字符数组的数据类型必须是字符型。字符数组的一般定义格式和功能如下。

格式： char 数组标识符 [常量表达式 1] [常量表达式 2];

功能：定义数组元素为字符型，常量表达式 1、常量表达式 2 决定了该数组是一维数组还是二维数组。

例如，char a[6] 定义了一个一维字符数组 a，char array[4][10] 则定义了一个二维字符数组 array。

2. 字符数组元素的引用

字符数组元素的引用与一维数组元素和二维数组元素的引用类似，也是使用下标的方式。例如：

array[0]='h';

array[1]= 'e';

1. 编程实现

在代码编辑区中编写程序代码，并以“5-19-1.cpp 第 19 课　特长统计——字符数组”为文件名保存。

文件名　5-19-1.cpp　第 19 课　特长统计——字符数组

```
1  #include <iostream>
2  using namespace std;
3  int main()
4  {
5      char tc[4][20];//定义数组，存放填写的内容
6      char ts[][9]={"班级","姓名","特长","专业级别"};
7                      //定义数组，存放问卷项目信息
8      for (int i=0;i<4;i++)
9       {
10        cout<<"请输入"<<ts[i]<<": ";//按行输出提示语
11       cin>>tc[i];}       //输入相关信息
12     cout<<endl;
13     cout<<"------方舟中学人才库信息------"<<endl;
14     for(int i=0;i<4;i++)
15         cout<<ts[i]<<": "<<tc[i]<<endl;
16                         //输出信息
17     return 0;
18 }
```

2. 测试程序

调试并运行程序，程序运行结果如下图所示。

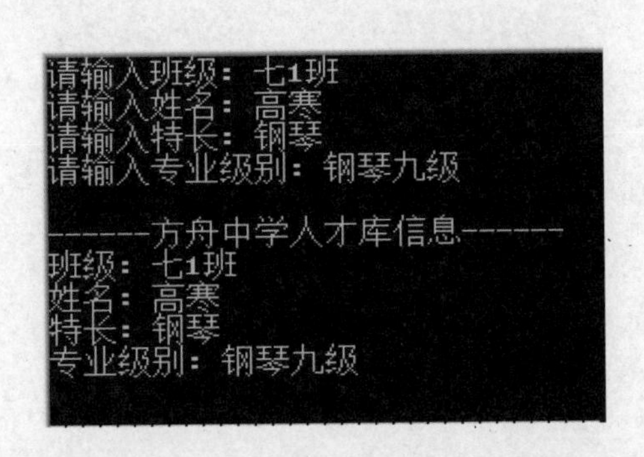

3. 程序解读

本程序中，第 6 行语句的作用是使用二维字符数组 ts[ ][9]，实现问卷项目信息的存储。通过数组元素的赋值可以看出，此二维数组共有 4 行，且每行可容纳 9 个字节的提示语。一个汉字占 2 个字节，如若输入 4 个汉字，还需要包含字符串结束符“\0”在内，因此需要定义为 9。

第 10 行、第 11 行语句的作用是按行输出提示语和输入相关信息，所以只需要对字符数组的第一个维度进行循环即可。

4. 易犯错误

定义数组时，应估计字符串的实际长度，保证数组长度始终大于字符串实际长度。如果在一个字符数组中先后存放多个不同长度的字符串，则应使数组长度大于最长的字符串的长度。因此，定义字符数组 tc[4][20]，表示每项填写的内容不能超过 20 个字节，且包含“\0”在内。如果输入 10 个以上的汉字（包含 10 个汉字），则会出现数组越界错误。

5. 拓展应用

如果要增加一项问卷内容——获奖情况，填写的内容不能超过 20 个汉字，那么这里需要如何修改程序呢？以下程序供参考。

```
#include <iostream>
using namespace std;
int main()
{
    char tc[5][40];
    char ts[][13]={"班级","姓名","特长","专业级别","获奖情况"};
    for (int i=0;i<5;i++)
     {
       cout<<"请输入"<<ts[i]<<": ";
       cin>>tc[i];}
    cout<<endl;
    cout<<"------方舟中学人才库信息------"<<endl;
    for(int i=0;i<5;i++)
        cout<<ts[i]<<": "<<tc[i]<<endl;   //输出信息
    return 0;
}
```

1. 为字符数组赋值

定义字符数组之后，同样需要为字符数组赋值。为字符数组赋值一共有 3 种方式，分别如下。

- **逐个给数组中的元素赋值：** 在花括号中，将每一个字符对应赋值给一个数组元素。这是最易理解的初始化字符数组的方式之一。例如：

char a[5]={'h','e','1','1','o'};

在初始化字符数组时要注意，每一个元素都要使用英文输入法状态下的单引号标识。

- **省略数组长度赋值：** 如果初始值个数与预定的数组长度相同，则在定义时可以省略数组长度，系统会根据初始值个数来确定数组长度。例如：

char a[ ]={'','e','1','1','o'};

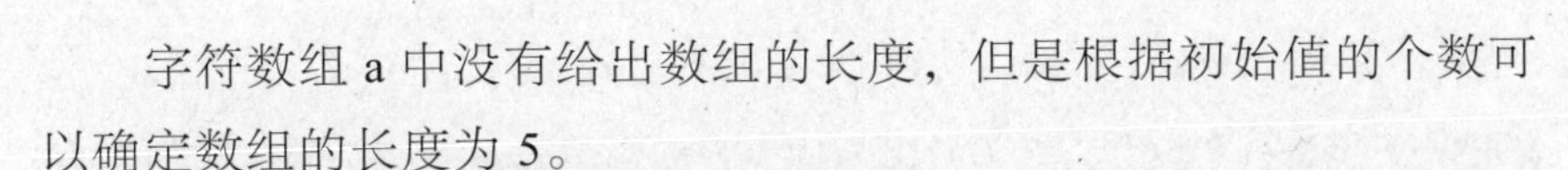

字符数组 a 中没有给出数组的长度，但是根据初始值的个数可以确定数组的长度为 5。

● **利用字符串给字符数组赋值：**通常用一个字符数组来存储一个字符串。例如：

```
char a[ ]={"hello"};
```

或者将花括号去掉，写为

```
char a[ ]="hello";
```

2．字符数组的结束符

既然定义了字符数组，那么其就应该有一个结束符。例如：

```
char array[ ]="hello";
```

该数组在内存中的存储方式如下图所示。

array[0]	array[1]	array[2]	array[3]	array[4]	array[5]
h	e	l	l	o	\0

其中，“\0”是由 C++ 语言自动加上的。由上图可以看出，字符串以“\0”作为字符串的结束符。因此，当把一个字符串存入一个数组时，“\0”也会被存入数组。

```
char array[ ]="hello";
```

等价于

```
char array[ ]={'h','e','1','1','o','/o'};
```

在赋值时，字符数组并不强制要求最后一个字符为“\0”，甚至可以不包含“\0”，因此上面的赋值语句也可以写成：

```
char array[5]={'h','e','1','1','o'};
```

1．修改程序

下面这段程序的功能是输入一行字符串，统计其中小写字母的个数，其中有两处错误，快来改正吧！

练习 1

```
1  #include<iostream>
2  #include<cstring>
3  using namespace std;
4  int main()
5  {
6      int ch[128];                              ——— ❶
7      int i,ans=0;
8      gets(ch);
9      //输入一行字符串，以回车符结束输入
10     for(i=0;i<=strlen(ch);i++) //遍历字符串
11     {
12     if(ch[i]>=a&&ch[i]<=z)  //进行判断 ——— ❷
13     ans++;
14     }
15     cout<<ans;
16     return 0;
17 }
```

修改程序：①________________

②________________

2. 阅读程序写结果

阅读下面的程序，根据输入内容写出输出结果。

练习 2

```
1  #include <iostream>
2  using namespace std;
3  int main()
4  {
5      char s1[10],s2[10];
6       cin>>s1;
7       cin>>s2;
8      cout<<s1<<endl;
9      cout<<s2;
10   return 0;
11 }
```

输入：I love China

输出：________________

3．完善程序

下面这段程序的功能是输入一行字符，然后统计其中有多少个单词。要求各个单词之间用空格分隔开，并且最后的字符不能为空格。请在横线处填写缺失的语句，使程序完整。

练习 3

```
1  #include<iostream>
2  using namespace std;
3  int main()
4  {
5      char cString[100];   //定义保存字符串的数组
6      int i, iWord=1;      //iWord表示单词的个数
7      char cBlank;         //表示空格
8      gets(cString);       //输入字符串
9      for(i=0; _____❶_____;i++) //循环判断每一个字符
10         {
11             cBlank=cString[i];  //得到数组中的字符元素
12             if(____❷____)     //判断是不是空格
13             { iWord++; }
14         }
15         cout<<iWord;
16     return 0;
17 }
```

语句①：________________

语句②：________________

4．编写程序

扫雷游戏是一款十分经典的单机小游戏。在 n 行 m 列的雷区中有一些格子含有地雷（称为地雷格），其他格子不含地雷（称为非地雷格）。玩家翻开一个非地雷格时，该格子中将会出现一个数字——提示周围格子中有多少个是地雷格。游戏的目标是在不翻出任何地雷格的条件下，找出所有的非地雷格。

现在给出 n 行 m 列的雷区中的地雷分布情况，要求计算出每个非地雷格周围的地雷格数。

注意：一个格子的周围格子包括其上、下、左、右、左上、右上、左下、右下 8 个方向上与之直接相邻的格子。

输入格式要求：

第一行是用一个空格隔开的两个整数 n 和 m（$1 \leqslant n \leqslant 100$，$1 \leqslant m \leqslant 100$），分别表示雷区的行数和列数。

接下来的 n 行，每行有 m 个字符，描述了雷区中的地雷分布情况。字符“*”表示相应格子是地雷格，字符“?”表示相应格子是非地雷格。相邻字符之间无分隔符。

输出格式要求：

输出包含 n 行，每行有 m 个字符，用于描述整个雷区；用“*”表示地雷格，用其周围的地雷个数表示非地雷格；相邻字符之间无分隔符。

输入样例：

3 3

*??

???

?*?

输出样例：

*10

221

1*1

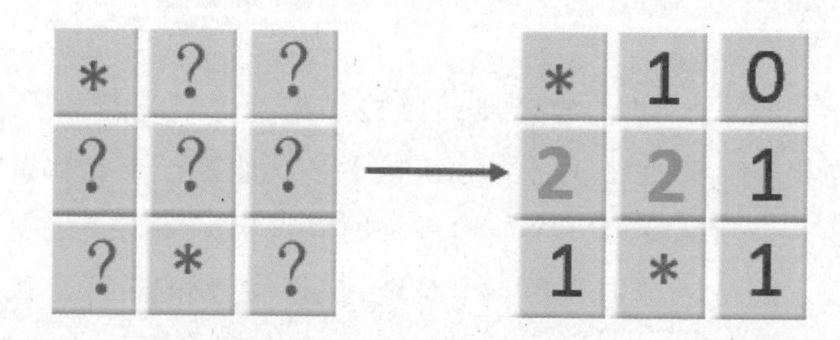

试编写一个程序，实现上述的游戏功能。

第 20 课

加密与解密——数组应用

扫一扫，看视频

小 C 想设计一个问卷程序来帮助老师收集学生的身份证号等信息。为了防止信息泄露，他需要先设计一个信息加密与解密的算法，即使别人从数据表中发现了密码，也只是加密后的无用信息。对字符进行加密，能够极大地提高程序的安全性。

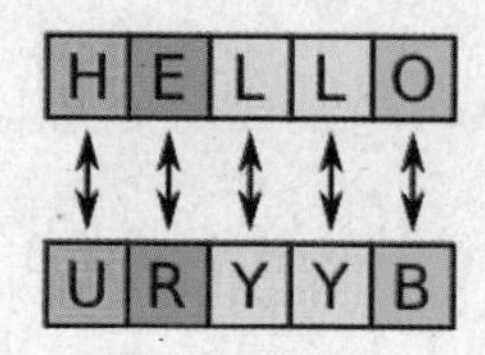

编程任务： 输入一串字符，按一定规则对此字符串进行加密，选择相应指令还可以对加密后的字符串进行解密。

1. 理解题意

本题其实就是通过字符数组，对数组中各元素按一定规则进行改变，并可以通过选择重复执行加密或解密操作。

2. 问题思考

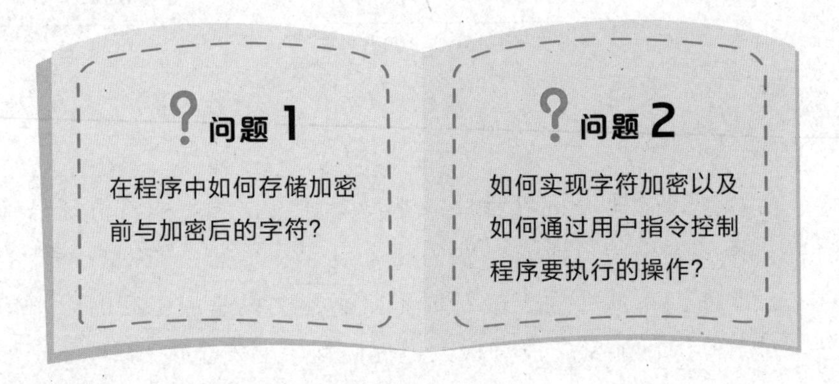

3. 算法分析

根据题意，本题的求解过程如下。

第 1 步：定义两个字符数组 Text[100]、Ptext[100]，用于存放加密前的字符（明文）与加密后的字符（密文）；定义变量 i 作为循环体变量。

第 2 步：使用 while 语句设计一个无限循环，通过判断用户指令是“1”还是“2”来确定执行加密还是解密操作。

第 3 步：在首次循环中，要求用户输入字符串，进行加密操作，之后的操作则是根据用户输入的命令符进行判断。例如，如果输入“1”，则先输入需要加密的明文，然后遍历明文，将需要加密的明文中的元素依次 +i，加密为新的字符串，也就是密文；如果输入“2”，则先获取需要解密的密文的长度，然后遍历密文字符串，将密文数组中的元素依次 -i，对刚刚加密的字符串进行解密，并输出。

第 4 步：输出相应的数组元素。

程序流程图如下页图所示。

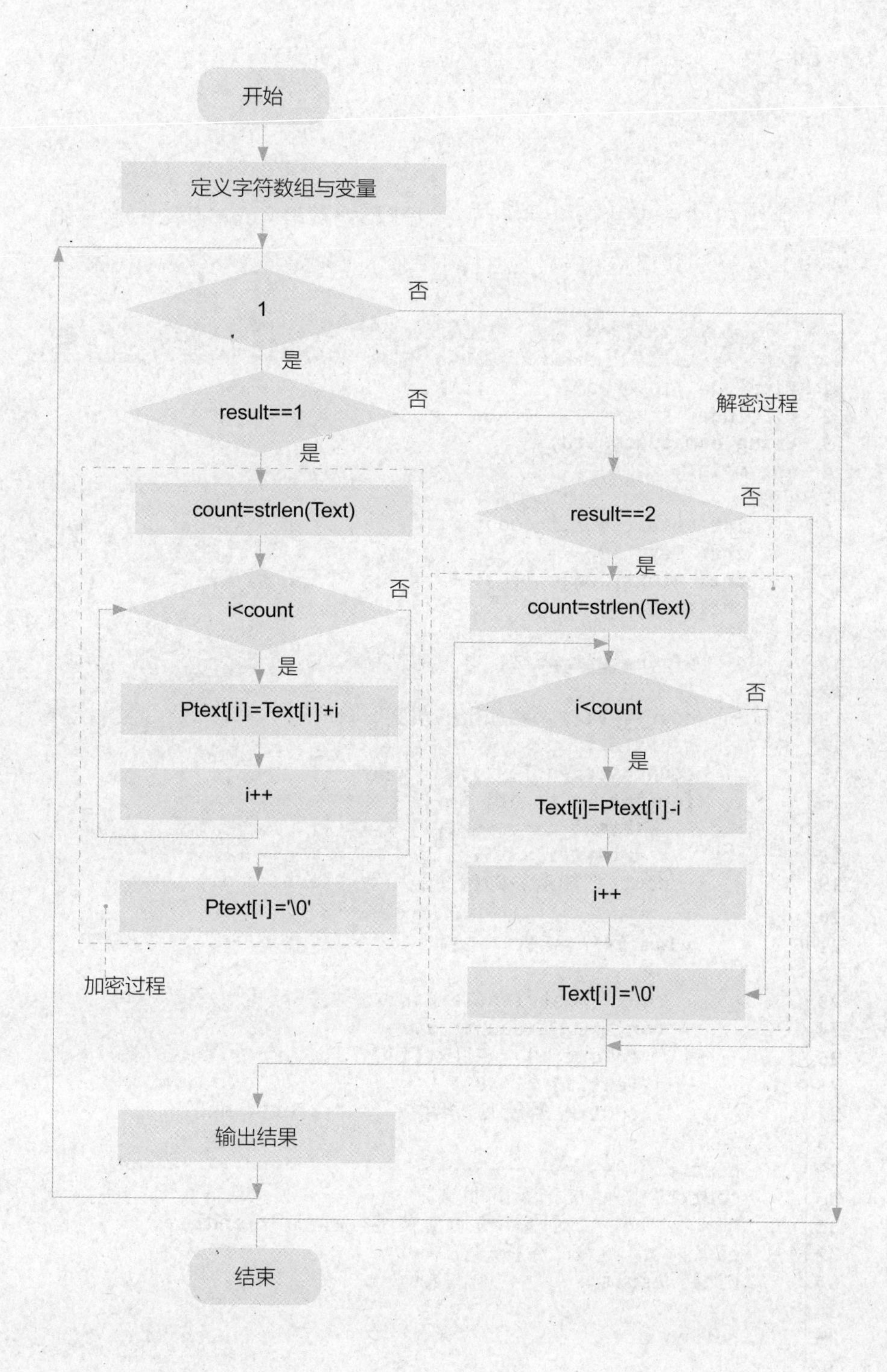
开始
定义字符数组与变量
1
否
是
result==1
否
是
解密过程
count=strlen(Text)
result==2
否
是
i<count
否
是
count=strlen(Text)
Ptext[i]=Text[i]+i
i<count
否
i++
是
Text[i]=Ptext[i]-i
Ptext[i]='\0'
i++
加密过程
Text[i]='\0'
输出结果
结束

1. 编程实现

在代码编辑区输入程序代码，并以“5-20-1.cpp 第 20 课　加密与解密——数组应用”为文件名保存。

文件名　5-20-1.cpp　第 20 课　加密与解密——数组应用

```
1  #include <iostream>
2  #include<cstring>
3  using namespace std;
4  int main()
5  {
6      int result = 1,i,count=0;
7      char Text[100] = { };    //定义一个明文字符数组
8      char Ptext[100] = { };  //定义一个密文字符数组
9      while (1)
10     {
11         if (result == 1)     //如果是加密明文
12         {
13         cout<<"请输入要加密的明文"<<endl;
14         cin>>Text;              //获取输入的明文
15         count=strlen(Text);    //获取明文长度
16         for(i=0; i<count; i++)  //遍历明文
17           { Ptext[i] = Text[i] + i; }  //设置加密字符
18             Ptext[i] = '\0';            //设置字符串结束标记
19           cout<<"加密后的密文是: "<<Ptext<<endl;
20         }
21         else if(result == 2)          //如果是解密字符串
22         {
23           count = strlen(Text);//获取字符串长度
24           for(i=0; i<count; i++)     //遍历密文字符串
25             { Text[i] = Ptext[i] - 3; } //设置解密字符
26             Text[i] = '\0';
27             cout<<"解密后的明文是: "<<Text<<endl;
28         }
29     cout<<"------------------------------------"<<endl;
30     cout<<"输入1加密新的明文，"
31           "输入2对刚加密的密文进行解密:"<<endl;
32     cout<<"请输入命令符:";
33     cin>>result;     //获取输入的命令字符
34     }
35     return 0;
36 }
```

2. 测试程序

编译并运行程序，程序运行结果如下图所示。

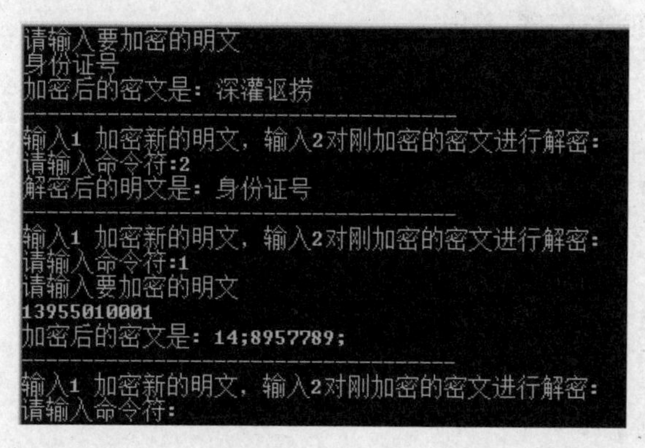

3. 程序解读

本程序中，第 9 行语句的作用是使用 while语句设计了一个无限循环，表示用户可以反复选择执行判断。第 18 行、第 26 行语句的作用是设置字符串结束符。

4. 易犯错误

第 15 行语句中，strlen( ) 函数用于计算指定字符串 Text 的长度，但不包括字符串结束符。使用该函数时，必须引入头文件 <cstring>。

从第 17 行语句可以看出，加密的方式是将字符串中的每个字符加上它在字符串中的位置，故解密的方式为将当前字符减去它在字符串中的位置。

1. 修改程序

方舟中学八 1 班在举办的元旦联欢会中，为了活跃气氛，设置了抽奖环节。班里 40 名学生每人都有一张带有号码的抽奖券。现在，主持人依次公布 *n* 个不同的中奖号码，王明看着自己抽奖券上的号码无比紧张。下面这段程序的功能是，如果王明中奖了，则输出他的中奖号码；如果他没有中奖，则输出 0。其中有两处错误，快来改正吧！

练习 1

```
1  #include <iostream>
2  using namespace std;
3  int main()
4  {
5    int n,i,num,f,g[31];——————❶
6    cin>>n;
7    for(i=0;i<=n;i++) ——————❷
8        cin>>g[i];
9    cin>>num;
10   f=0;
11   for(i=0;i<n;i++)
12       if (g[i]==num)
13       { f=i+1;   break; }
14    cout<<f;
15    return  0;
16 }
```

修改程序：①________________

②________________

2. 阅读程序写结果

方舟中学八 1 班的图书角存放了 200 本图书。吕帆是班级的图书管理员，她想从正整数 *a* ~ *b* 中选一些素数作为图书的编号，同时作为编号的数，其各位上的数字又至少有一个特定的数字 *d*。下面这段程序可实现上述功能。请阅读程序后写出输出结果。

练习 2

```
1  #include<iostream>
2  using namespace std;
3  bool t[10001];    //定义数组，用于判定当前数是否为素数
4  int main(){
5    int i,j,a,b,d,k,ans = 0;
6    cin >> a >> b >> d;
7    t[1] = 1;              //从1开始，判定为素数
8    for(i=2; i<=b; i++)    //从2到最大值开始遍历数组
9       if(t[i]== 0)
10         for(j =2*i; j<=b; j+=i)
11            t[j]= 1;      //确定素数位置
12   for(i=a; i<=b; i++)
13      if(t[i]== 0){
14         k=i;
```

练习 2（续）

```
15      while(k>0){      //判定以上素数各位上的数是否包含d
16         if(k%10==d){
17            ans++;
18            break;         }
19         else k=k/10;    }
20     }
21   cout << ans << endl;
22   return 0;
23 }
```

输入：
```
10 15
3
```

输出：________

3. 完善程序

下面这段程序的功能是，当输入任意一个 3 行 3 列的二维数组时，程序自动输出对角元素值的总和。

请在横线处填写缺失的语句，使程序完整。

练习 3

```
1  #include<iostream>
2  using namespace std;
3  int main()
4  {
5      int a[3][3];          //定义一个3行3列的数组
6      int i,j,sum=0;  //定义循环控制变量和保存数据变量sum
7      cout<<"请输入："<<endl;
8      for(i=0;i<3;i++)  //利用循环对数组元素进行赋值
9      {
10         for(j=0;j<3;j++)
11         {   cin>>a[i][j];   }
12     }
13     for(i=0;i<3;i++)      //使用循环计算对角元素值的总和
14     {
15         for(j=0;j<3;j++)
16         {
17           if(  ❶  )
18             {  ______❷______  }//进行数据的累加计算
19         }
20     }
21     cout<<"结果="<<sum; //输出最后的结果
22     return 0;
23 }
```

语句①：________

语句②：________

第6单元

提速增效——函数

复杂的程序可以实现多个功能，这些功能相对独立，可单独编写为一个代码模块，这些代码模块被称为函数。在编写程序的过程中，直接调用函数或重复使用函数，可以大大提高编程效率，使整个程序结构清晰、易于阅读、便于维护。在 C++ 中，函数分为库函数和自定义函数。每个 C++ 程序中都必须包含一个主函数 main( )，程序在运行时，总是从主函数开始执行。本单元我们就一起来体验这些可以提速增效的函数的妙用吧！

学习内容

第 21 课 用海伦公式求面积——库函数的使用

读故事

在山区，有很多地块都是不规则图形，无法用常规方法测量面积。有一种非常简单的测量方法：把地块的“拐点”（多边形的顶点）用线连接，形成多边形，再把这个多边形划分成若干三角形，测量各个三角形 3 条边的长度，即可计算出各个三角形的面积，从而得到多边形的面积。

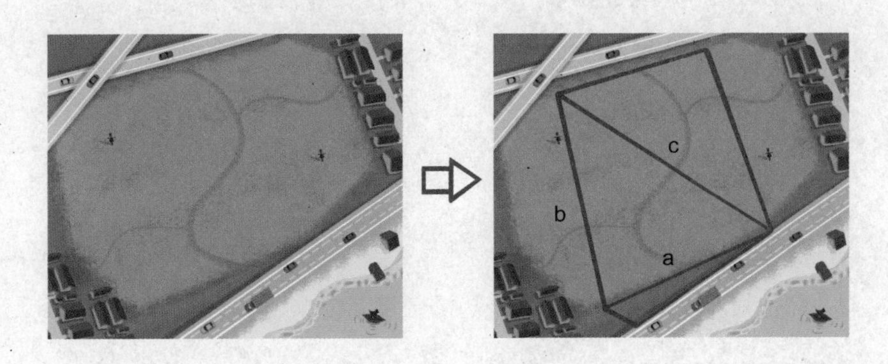

已知三角形 3 条边的长度，如何求三角形面积呢？早在古希腊时，人们就总结出这样一个计算公式：

$$S=\sqrt{p(p-a)(p-b)(p-c)}，其中\ p=\frac{a+b+c}{2}$$

这个公式最早出现在古希腊的数学家海伦的著作《测地术》

中，因此称此公式为海伦公式[①]。把测量的数据代入公式，很快就能求出各个三角形的面积。

编程任务： 已知三角形地块的 3 条边的长度分别为 14m、15m、16m，根据海伦公式，编程计算三角形地块的面积。

1. 理解题意

海伦公式中的 p 是指周长的一半，需先计算出 p 的值。公式计算结果是表达式的平方根，必须调用数学函数库中求平方根的函数 sqrt( )。

2. 问题思考

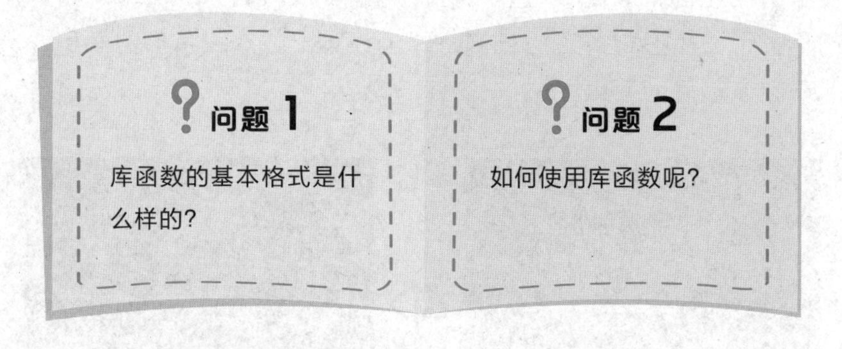

3. 算法分析

首先输入三角形地块的 3 条边的长度，根据公式 $p=\frac{a+b+c}{2}$，求出 p 的值，再把 3 条边 a、b、c 和 p 的值代入公式 $S=\sqrt{p(p-a)(p-b)(p-c)}$，计算三角形地块的面积并输出。具体的求解过程如下。

第 1 步：输入变量 a、b、c 的值。

第 2 步：计算 p 的值。

第 3 步：计算 S 的值。

第 4 步：输出 S 的值。

程序流程图如下页图所示。

---

① 我国南宋数学家秦九韶在他的著作《数书九章》中给出了三角形面积公式，与海伦公式等价，故上述公式一般也称为海伦 - 秦九韶公式。

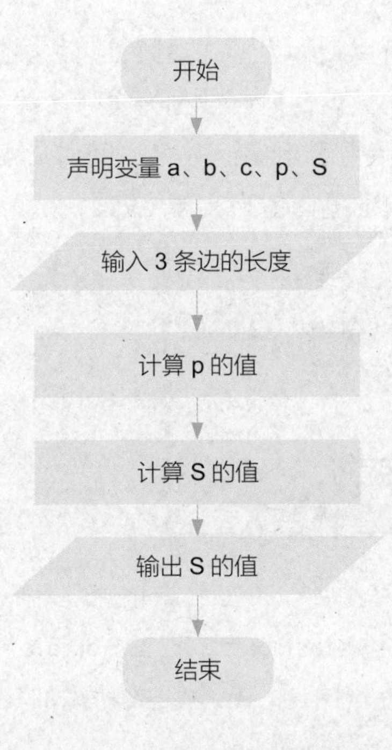

1. 库函数

在 C++ 中，编译系统已经把一些独立的功能编写好，并放到了文件库里，方便用户调用。这个文件库就是函数库，函数库里的函数就是库函数，如 sin( )、printf( )、sqrt( ) 等都是库函数。库函数的一般格式和功能如下。

格式：［返回类型］库函数名（参数列表）

功能：完成一个系统内部规定的功能。如库函数 sqrt(2) 表示对 2 求平方根，结果为 1.414。

2. 库函数的调用

函数一般都有参数，如果该函数有多个参数，则这些参数统称为参数列表。函数被调用前，参数列表仅说明函数参数的数目和类型，不代表具体数值，所以被称为形式参数（简称形参）。当函数被调用时，参数代表实际的数值，所以被称为实际参数（简称实参）。库函数的调用就是在程序中引用库函数名，同时形参被换为实参。如当a=3 时，函数 sqrt(a) 的返回值为实数 1.732，调用过程如下图所示。

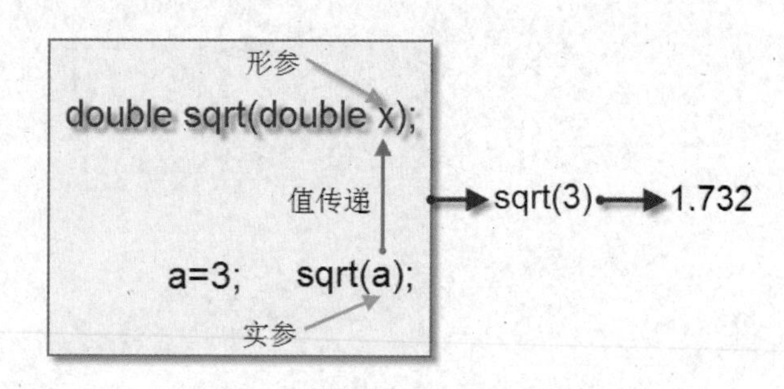

调用库函数之前，必须在主函数前声明相应的头文件。例如，在程序起始位置声明 <iostream> 或者 <cstdio>，可以保证输入函数 scanf( ) 正常运行。同样，在主函数前添加头文件 <cmath>，可以调用求平方根函数 sqrt( )。

求解决

1. 编程实现

在代码编辑区中编写程序代码，并以“6-21-1.cpp 第 21 课　用海伦公式求面积——库函数的使用”为文件名保存。

文件名　6-21-1.cpp　第 21 课　用海伦公式求面积——库函数的使用

```
1  #include<iostream>
2  #include<cmath>                    //包含数学函数
3  using namespace std;
4  int main()
5  {
6      double a,b,c,p,S;
7      cin>>a>>b>>c;
8      p=(a+b+c)/2;                   //先求p的值
9      S=p*(p-a)*(p-b)*(p-c);
10     S=sqrt(S);                     //使用求平方根函数sqrt()
11     cout<<S<<endl;                 //输出面积
12     return 0;
13 }
```

2. 测试程序

编译并运行程序，输入三角形地块的 3 条边的长度，程序运行结果如下图所示。

```
14 15 16
96.5579
```

3. 程序解读

本程序中，第 6 行语句的作用是定义三角形地块 3 条边的长度变量 a、b、c，周长的一半的变量 p，以及面积变量 S，这些变量均为浮点型。第 8 行语句的作用是求 p 的值。第 9 行、第 10 行语句的作用是使用海伦公式求面积。注意：左括号和右括号一定要匹配。

4. 易犯错误

根据程序中调用的库函数，主函数 main( ) 前要有对应的头文件。如果系统提示不识别某个函数，就要检查头文件是否存在错误，如下图所示。

```
1  #include<iostream>
2  using namespace std;
3  int main()
4  {
5      double a,b,c,p,S;
6      cin>>a>>b>>c;
7      p=(a+b+c)/2;                //先求p的值
8      S=p*(p-a)*(p-b)*(p-c);
9      S=sqrt(S);                  //使用求平方根函数sqrt()
10     cout<<S<<endl;              //输出面积
11     return 0;
12 }
```

上述程序运行后，会出现下图所示的提示，表明 sqrt( ) 没有被声明，因为缺少语句：#include<cmath>。

```
信息
In function 'int main()':
[Error] 'sqrt' was not declared in this scope
```

5. 程序改进

任意长度的 3 条边不一定能构成三角形。需要先判断这 3 条边是否可以构成三角形，然后再求三角形的面积。改进的程序代码如下图所示。

文件名 6-21-2.cpp 第 21 课 用海伦公式求面积——库函数的使用

```
1  #include<iostream>
2  #include<cmath>                          //声明头文件
3  using namespace std;
4  int main()
5  {
6      double a,b,c,p,S;
7      cin>>a>>b>>c;
8      if((a+b>c)&&(a+c>b)&&(b+c>a))
9      {
10         p=(a+b+c)/2;                     //先求p的值
11         S=sqrt(p*(p-a)*(p-b)*(p-c));//使用海伦公式求面积
12         cout<<S<<endl;                   //输出面积
13     }
14     else
15     cout<<"Error"<<endl;
16     return 0;
17 }
```

6. 拓展应用

函数 sqrt(double number) 返回 number 的平方根，返回值为浮点型。如果要得到整数，则需进行强制类型转换，可参考如下程序。

```
#include <iostream>
#include <cmath>
using namespace std;
main() {
    double number=17.09;              //变量 number 为浮点数 17.09
    cout<<sqrt(number)<<endl;         //直接输出平方根
    cout<<(int)sqrt(number)<<endl;    //强制转换为整型
}
```

程序运行结果如下图所示。

```
4.13401
4
```

1．常见标准函数库

在国际标准化组织的推动下，C++ 标准函数库基本可分为十大类，共有几十个头文件。其中常用的头文件如下表所示。

头文件名称	描述
<iostream>	支持标准流 cin、cout 等输入和输出
<cstdio>	为标准流提供 C 样式的输入和输出（格式化输入和输出）
<cmath>	定义数学函数
<cstring>	定义字符串函数，和 C 语言中的 string.h 相似
<string>	为字符串类型提供支持和定义
<algorithm>	定义通用算法函数（包括具有置换、排序、合并和搜索等功能的函数）
<fstream>	定义 3 个类（ifstream、ofstream、fstream）来支持文件操作
<cstdlib>	定义杂项函数及内存分配函数（也包含具有搜索和排序等功能的函数）

2．常用的数学函数

数学函数库 <cmath> 中的函数能够实现常见的数学计算。常用的数学函数如下表所示。

函数名称	功能	示例
ceil(x)	将 x 取整为不小于 x 的最小整数	ceil(9.2)=10 ceil(−9.8)=−9
floor(x)	将 x 取整为不大于 x 的最大整数	floor(9.2)=9 floor(−9.8)=−10
fabs(x)	求 x 的绝对值	fabs(−5)=5
sqrt(x)	求 x 的平方根	sqrt(900.0)=30.0

续表

函数名称	功 能	示 例
sin(x)	求 x（弧度）的正弦值	sin(0.0)=0
cos(x)	求 x（弧度）的余弦值	cos(0.0)=1.0
exp(x)	求 e 的 x 次方	exp(1.0)=2.71828 exp(2.0)=7.38906
log(x)	求 x 的自然对数（底数为 e）	log(2.718282)=1.0
log10(x)	求 x 的对数（底数为 10）	log(10.0)=1.0 log(100.0)=2.0
pow(x,y)	求 x 的 y 次方	pow(2,7)=128 pow(9,0.5)=3

观察表格，可以发现数学函数库中的很多函数返回结果都为 double 型。

1. 修改程序

已知某三角形两条边 *a* 和 *b* 的长度及其夹角 angle 的大小（如 70cm、80cm 和 60°），则三角形面积计算公式：

$$S=(1/2)\times a\times b\times \sin(\pi \times angle \div 180)$$

以下程序的功能是，当输入两条边 *a* 和 *b* 的值，以及夹角 angle 的值时，程序自动输出该三角形的面积。在下图所示的程序中有两处错误，你能指出哪行有错误并改正吗？

练习 1

```
1  #include<iostream>
2  #include<math.h>
3  const float pi=3.14;       //定义常量
4  using namespace std;
5  int main()
6  {
7      double a,b,angle,s;
8      cin>>a>>b>>angle;    //输入两条边和夹角的值
9      S=a*b*sin( angle )/2;//使用公式求面积
10     cout<<S<<endl;
11     return 0;
12 }
```

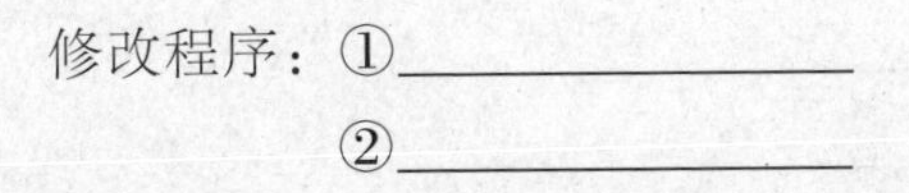

修改程序：①______________

②______________

2. 阅读程序写结果

以下程序调用库函数 sort( )，完成了对数组 a 的处理，请写出程序运行结果。

练习 2

```
1  #include<iostream>
2  #include<algorithm>
3  int a[7]= {21,4,11,3,5,24,6};//全局变量，方便对其他函数的处理
4  using namespace std;
5  int main()
6  {
7      sort(a,a+7);                //调用库函数，处理数组中的值
8      for(int i=0; i<7; i++)  //输出
9          cout<<a[i]<<' ';
10     return 0;
11 }
```

输出：______________

3. 完善程序

一个水果箱中装有 n 个苹果，不幸的是，有条虫子钻了进去。虫子每 x 小时能吃掉 1 个苹果，假设虫子在吃完 1 个苹果之前不会吃其他的苹果，那么经过 y 小时，箱子里还剩下几个完整的苹果。下面的程序能够解决此问题，请你在横线处填写缺失的语句，使程序完整。

练习 3

```
1  #include<__❶__>          //声明数学库函数
2  #include<cstdio>
3  #include<cstdio>
4  using namespace std;
5  int main() {
6      double n,x,y,b;
7      cin>>n>>x>>y;        //输入数据
8      b=n-____❷____;       //使用取整函数ceil( )
9      cout<<b<<endl;       //输出剩余苹果数
10     if(b<0)              //如果苹果被吃完
11         cout<<0<<endl;
12     return 0;
13 }
```

语句①：________________

语句②：________________

4．编写程度

我国南宋的数学家秦九韶在他的著作《数学九章》中提出了“三斜求积术”。他把三角形的3条边分别称为小斜、中斜和大斜，以 a、b、c 表示三角形的小斜、中斜和大斜，所以三角形的面积公式可表示为

$$S=\sqrt{\frac{1}{4}[c^2a^2-(\frac{c^2+a^2-b^2}{2})^2]}$$

编程任务：利用“三斜求积术”求三角形面积，并将程序命名为“qjs.cpp”。

例如，若输入数字为14、15和16，则输出结果为96.56。

第22课

孪生素数有多少——函数的定义和调用

扫一扫，看视频

读故事

素数是一个大于1的自然数，只可被1和其本身整除（如2、3、5、7、11等）。孪生素数就是差为2的相邻的一对素数，如3和5、5和7、11和13、41和43等都是孪生素数。数学界存在一个推测：存在无穷多对孪生素数。这被认为是最古老的数学问题之一，由希腊数学家欧几里得提出。

编程任务： 编写一个程序，输出100以内所有的孪生素数。

理思路

1. 理解题意

根据题意，首先要判断一个数是否为素数，再判断相邻的两个素数是否为孪生素数。

2. 问题思考

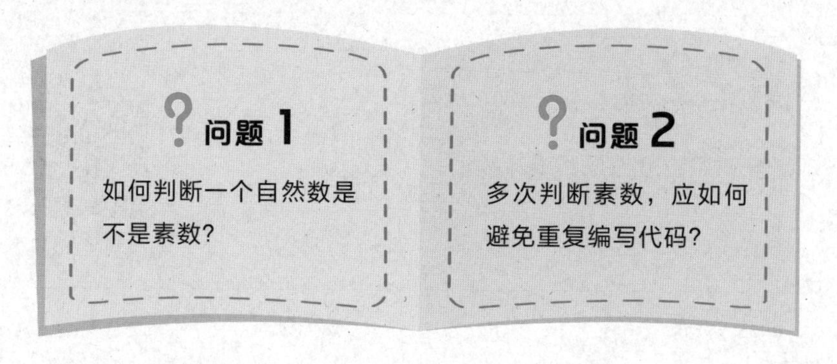

3. 算法分析

本题需多次判断一个数是否为素数，所以可把这个判断过程定义为一个函数，方便主程序调用，从而使整个程序结构清晰。求解过程如下。

第 1 步：声明自定义函数模块，即声明如何判断素数。

第 2 步：枚举一个自然数 m，如果其超过 100，则转到第 4 步。

第 3 步：使用自定义函数判断 m 和 m+2 是否同为素数，如果是，则输出素数对，否则转到第 2 步。

第 4 步：结束程序。

程序流程图如下图所示。

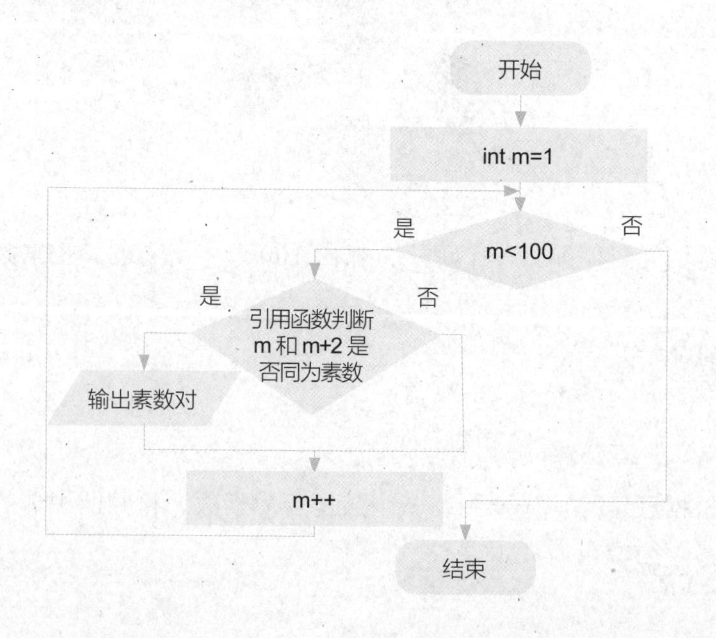

1. 素数判断

根据素数的定义，列举从 2 开始一直到小于 *n* 的整数，并判断列举的数能否被 *n* 整除。如其中有一个数能够被 *n* 整除，则 *n* 不是素数，否则 *n* 是素数。这种判断方法比较简单，但是效率不高，可以继续优化。请观察如下素数判断流程。

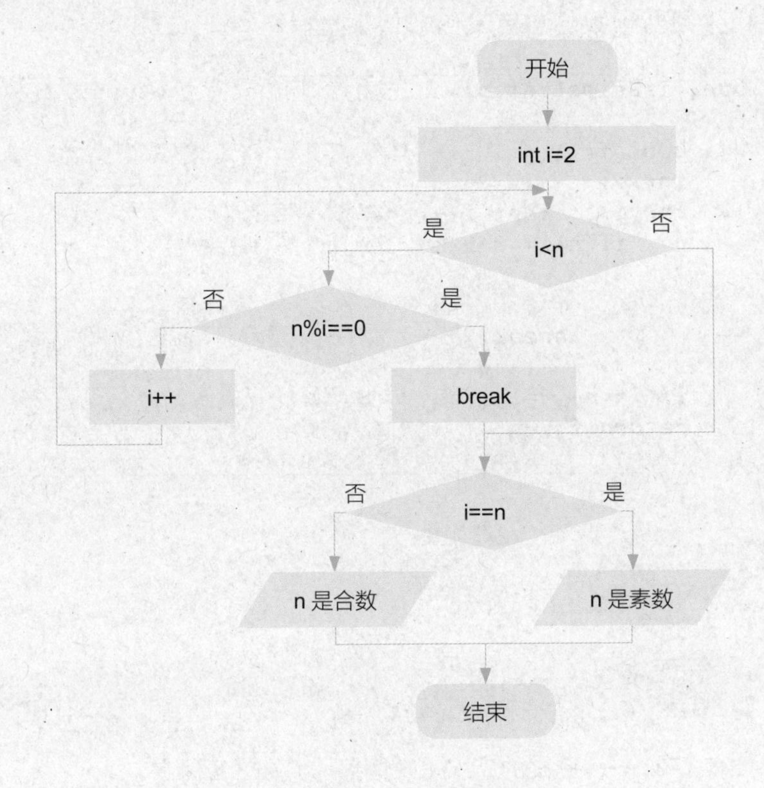

从上述流程图来看，优化的结果就是减少了循环次数。

2. 自定义函数

要判断相邻两个自然数是不是素数，两次判断实现的功能一样。为了避免重复编写代码，可以对这部分功能单独编写代码，这就是自定义函数。使用自定义函数时，只需引用函数名和相应的参数。自定义函数的格式如下。

格式： <返回类型>自定义函数名（<形参列表>）
{<函数体>}

功能： 实现一个独立的功能。可返回各类型的数据，也可使用空类型(void)表示不返回数据。形参可以没有，也可以有多个。

用于判断素数的自定义函数如下。

```
13   bool IsPrime(int n)        //编写自定义函数
14   {
15       bool f=1;              //初始化布尔型变量值为1
16       int i;
17       for(i=2; i<n; i++)     //枚举要整除的i
18           if(n%i==0)         //判断是否能被整除
19           {
20               f=0;           //标记不是素数
21               break;         //跳出循环，不再尝试
22           }
23       if(i==n) f=1;          //一直没有被整除，则是素数
24       return f;              //返回函数值——表明是否为素数
25   }
```

1. 编程实现

在代码编辑区编写程序代码，并以“6-22-1.cpp 第22课　孪生素数有多少——函数的定义和调用”为文件名保存。

文件名　6-22-1.cpp　第22课　孪生素数有多少——函数的定义和调用

```
1   #include<iostream>
2   using namespace std;
3   bool IsPrime(int n);                        //声明自定义函数
4   int main() {
5       int m;
6       for(m=2; m<100; m++)                    //枚举要判断的自然数
7        {
8           if(IsPrime(m)&&IsPrime(m+2))//调用函数 IsPrime()
9            printf("(%d,%d)\n",m,m+2); //输出孪生素数
10       }
```

```
11      return 0;
12  }
13  bool IsPrime(int n)      //编写自定义函数
14  {
15      bool f=1;            //初始化布尔型变量值为1
16      int i;
17      for(i=2; i<n; i++)   //枚举要整除的i
18          if(n%i==0)       //判断是否被整除
19          {
20              f=0;         //标记不是素数
21              break;       //跳出循环，不再尝试
22          }
23      if(i==n) f=1;        //一直没有被整除，是素数
24      return f;            //返回函数值——表明是否为素数
25  }
```

2. 测试程序

编译并运行程序，程序运行结果如下图所示。

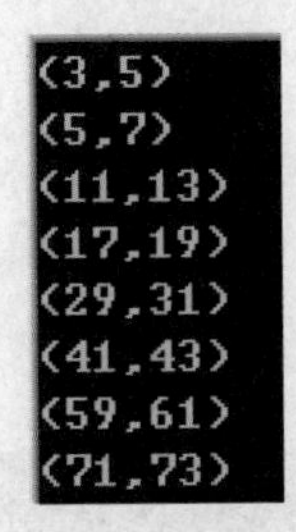

3. 程序解读

本程序由主函数 main( ) 和自定义函数 IsPrime(int n) 构成。其中自定义函数的返回值为布尔型，1 表示该自然数是素数，0 表示该自然数不是素数。在第 8 行语句中，两次调用函数 IsPrime( )，并使用逻辑运算符“&&”连接，其目的是判断 m 和 m+2 是否为素数。

4. 易犯错误

在第 3 行语句中，声明自定义函数时，行尾一定不要忘了加英文分号；而在第 13 行语句中，定义自定义函数时，行尾不能加英文分号。

5. 程序改进

如果求更大范围内的孪生素数，程序运行会耗时较多，所以自定义函数需要进一步优化。

```
bool IsPrime(int n)                   //编写自定义函数
{
    bool f=1;                         //初始化布尔型变量值为1
    int i;
    int t=(int)sqrt((double)n);       //求 n 的平方根
    for(i=2; i<=t; i++)               //减少枚举次数
        if(n%i==0)                    //判断是否能被整除
        {
            f=0;                      //标记不是素数
            break;                    //跳出循环，不再尝试
        }
    if(i==n) f=1;                     //一直没有被整除，则是素数
    return f;                         //返回函数值——表明是否为素数
}
```

采用求平方根的方式得到 t，可以减少循环次数，大大提高判断速度。如果将主函数中 m 的最大值改为 100000，则程序改进前后运行耗时对比如下图所示。

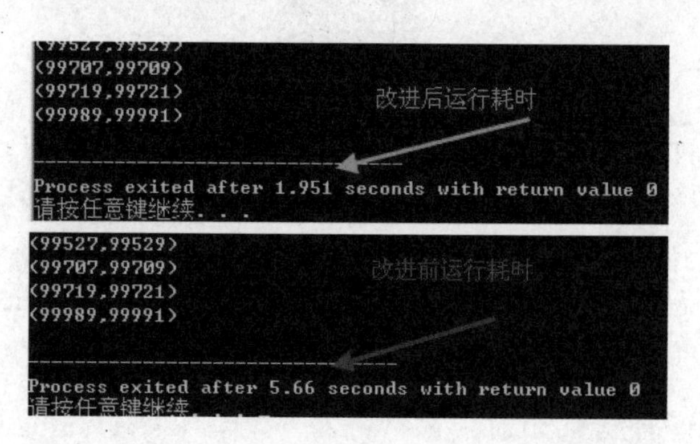

6. 拓展应用

“回文”通常指正读、反读都能读通的句子，如“我为人人”“人人为我”等。在数学中也有类似回文的数，那就是回文数，如 121、1331 等。输入整数 n，请编程判断 1 到 n 之间有多少个回文数。把判断回文数的过程编写为自定义函数，有利于提高编程效率，使程序更简洁。参考程序如下。

```
#include <iostream>
using namespace std;
bool check(int n){                      //自定义函数
    int m = n, dn = 0;
    while(n != 0){
        dn=dn*10+n%10;                  //反序累加
        n/= 10;
    }
    return (m == dn ? true : false);   //判断是否为回文数
}
int main(){                             //主函数（通常称为主程序）
    int n,i,ans=0;
    cin>>n;
    for(i = 1; i <= n; i++)
        if(check(i)) ans++;             //统计回文数
    cout<<ans;
    return 0;
}
```

1. 函数返回值与 return 语句

在 C++ 中，函数分为有返回值函数和无返回值函数两类。其中第一类函数的返回值是通过 return 语句来实现的。return 语句的格式如下。

格式： return < 表达式 >;

功能： 把被调用函数的返回值赋给主调函数，通常为 main( )。

注意： 若调用函数中无 return 语句，并非不返回值，而是返回一个不确定的值。为了明确表示不返回值，可以将自定义函数的返回值类型设置为 void，例如：

```
#include<iostream>
using namespace std;
void prd()              //定义一个无参函数
{    cout<<"这是个无参函数";
}
int main()              //主函数
{
     prd();
}
```

2. 函数调用方式

在 C++ 中，可以用以下几种方式调用函数。

- 作为表达式：函数作为表达式的一项，以函数返回值参与表达式的运算。例如：

```
t=sqrt(n);
```

- 作为独立语句：C++ 中的函数可以只进行某些操作而不返回函数值，这时的函数调用可作为一条独立的语句。例如：

```
prd( );
```

- 作为函数实参：函数作为另一个函数调用的实参出现。这种情况是把该函数的返回值作为实参进行传递，因此要求该函数必须是有返回值的。例如：

```
cout<<max(a,max(b,c));
```

注意：

（1）调用函数时，函数名称必须与相应的自定义函数名称完全一致。

（2）实参在类型上与形参必须一一对应和匹配，如果类型不匹配，C++ 编译程序将按赋值兼容的规则进行转换。

1. 修改程序

编写自定义函数，实现返回两个数中较大的数的功能。调用函数，编程实现输入 3 个整数，输出最大的数。在下图所示的程序中有两处错误，你能指出具体哪行有错并改正吗？

练习 1

```
1  #include <iostream>
2  using namespace std;
3  int max(int x,int y);      //声明函数
4  int main()
5  {    int a,b,c;
6       cin>>a>>b>>c;
7       cout<<max(a,max(b,c));//调用函数max()
8       return 0;
9  }
10 int max(int x,int y)      //定义函数
11 {
12      if(x>y)
13          return x;         //返回较大的数x
14      else
15          return (y);       //返回较大的数y
16 }
```

修改程序：①________________

②________________

2. 阅读程序写结果

素数的判断有很多种算法，以下是其中一种算法的改进程序，请认真阅读，写出输出结果。

练习 2

```
1  #include<iostream>
2  #include<cmath>
3  using namespace std;
4  bool func(int n);               //声明自定义函数
5  int main() {
6      int m;
7      for(m=2;m<40;m++)           //枚举要判断的自然数 m
8      {if(func(m))                //调用函数 func()
9       cout<<m<<' ';              //输出m值
10     }
11     return 0;
12 }
13 bool func(int num) {                   //定义函数
14     if (num==2||num==3)                //两个较小数另外处理
15         return 1;                      //返回值，回到主函数
16     if (num%6!=1 && num%6!=5)          //处理不在6的倍数两侧的数
17         return 0;                      //返回值，回到主函数
```

练习 2（续）

```
18      double t=sqrt(num*1.0);    //处理在6的倍数两侧的数
19      for (int i=5; i<=t; i+=6)
20          if (num%i==0 ||num%(i+2)==0)
21              return 0;          //返回值，回到主函数
22      return 1;                  //非以上可能
23  }
```

输出：________________

3. 完善程序

输入 n 个整数并将其存储在数组中，编写自定义函数实现将该数组中的元素逆序存储。请你在横线处填写缺失的语句，使程序完整。

练习 3

```
1   #include<iostream>
2   using namespace std;
3   void reverse(int b[],int n);                 //声明函数名称
4   int main() {                                 //调用主函数
5       int a[30],i,n;
6       cin>>n;
7       for(i=0; i<=n-1; i++) cin>>a[i];//输入n个数据
8       _____❶_____;                             //调用自定义函数
9       for(i=0;i<=n-1;i++) cout<<a[i]<<' ';
10      return 0;
11  }
12  void reverse(int b[],int n) {                //自定义被调用的函数
13      int i,j,t;
14      for(i=0,j=n-1; i<j; i++,j--)
15      {t=b[i]; _____❷_____; b[j]=t;}
16  }
```

语句①：________________

语句②：________________

4. 编写程序

苏大爷家的一块地的形状是多边形，可划分为多个三角形，如下图所示。

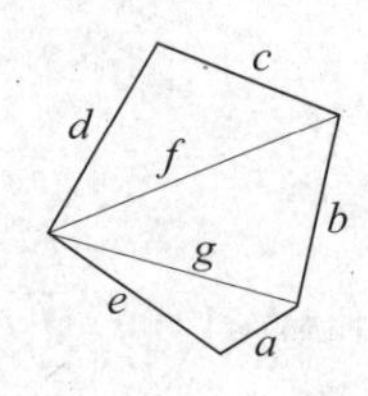

已知各边尺寸：a=5，b=14，c=14，d=17，e=16，f=22，g=18。

编程任务： 编写程序，计算所有三角形的地的面积和，得出整块地的面积并输出。

要求： 自定义函数求三角形的地的面积，在主函数中调用该函数，最终计算出整块地的面积。将程序命名为“area.cpp”。如输入样例为 5 14 14 17 16 22 18，则输出样例为 283.21。

第 23 课

巧算最大公约数——函数的递归调用

一般而言，如果非零整数 A 乘以非零整数 B 得到整数 C，那么非零整数 A 与非零整数 B 都称作整数 C 的因数，如 2 是 6 的因数，3 也是 6 的因数。有些整数的因数可能有很多，如 75 的因数有 1、3、5、15、25、75，60 的因数有 1、2、3、4、5、6、10、12、15、20、30、60。我们会发现 75 和 60 有共同的因数 1、3、5、15，其中最大的因数是 15，则 15 被称为 60 和 75 的最大公因数，也被称为 60 和 75 的最大公约数。

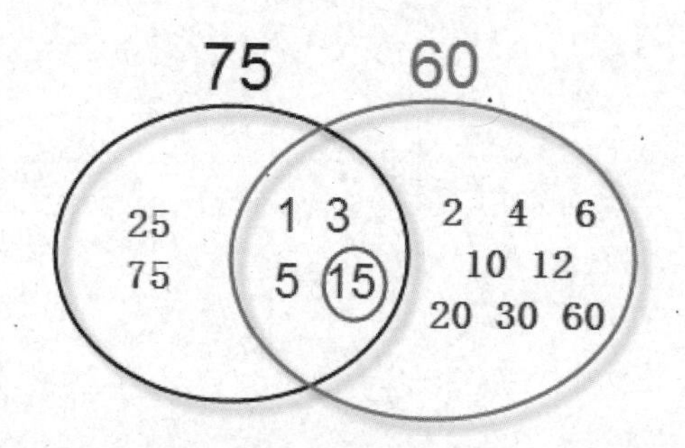

求解两个整数最大公约数的算法有多种，其中比较适合通过编程实现的是辗转相除法。古希腊数学家欧几里得在其著作《几何原本》中描述了这种算法，所以其也被称为欧几里得算法。

编程任务： 请编写函数实现辗转相除法，输出两个正整数的最大公约数。

1. 理解题意

首先要熟悉辗转相除法的计算过程。辗转相除是一个重复的过程，为了提高编程效率，可以把辗转相除过程定义为一个函数。

2. 问题思考

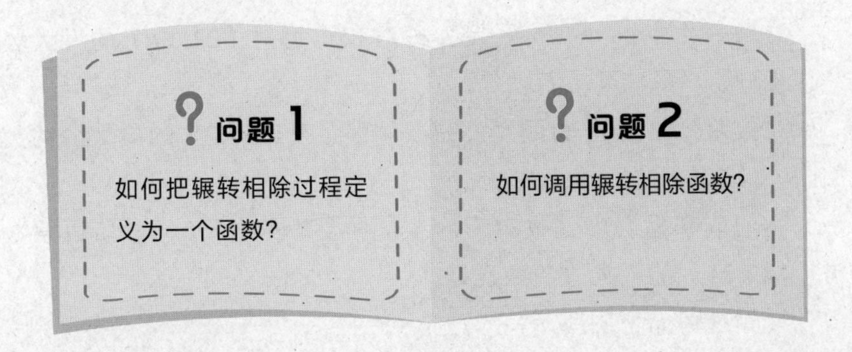

3. 算法分析

首先要定义一个函数来实现辗转相除的过程，函数应该包括两个形参m和n，返回值应该是m和n的最大公约数，形如int gcd (int m,int n)。在主函数中输入的两个正整数 a 和 b 为实参，调用自定义函数 gcd(a,b)，返回值即为所求结果。

程序实现的基本过程如下。

第 1 步：自定义函数 int gcd (int m, int n) 实现求两个整数的最大公约数的过程。

第 2 步：输入两个正整数 a 和 b。

第 3 步：调用自定义函数 gcd (a,b)。

第 4 步：输出函数 gcd(a,b) 的返回值。

程序流程图如右图所示。

1. 辗转相除法

数学依据：对于两个正整数 m 和 n（$m>n$），它们的最大公约数等于 m 除以 n 的余数 r 和 n 之间的最大公约数。简单地说就是：辗转相除→当余数为 0 时→得到结果。

例如：

整数对（182,21）的最大公约数和整数对（21,14）的最大公约数相同；

整数对（21,14）的最大公约数和整数对（14,7）的最大公约数相同。

我们很容易得出整数对（14,7）的最大公约数为 7，所以整数对（182,21）的最大公约数也是 7。

计算过程如下图所示。

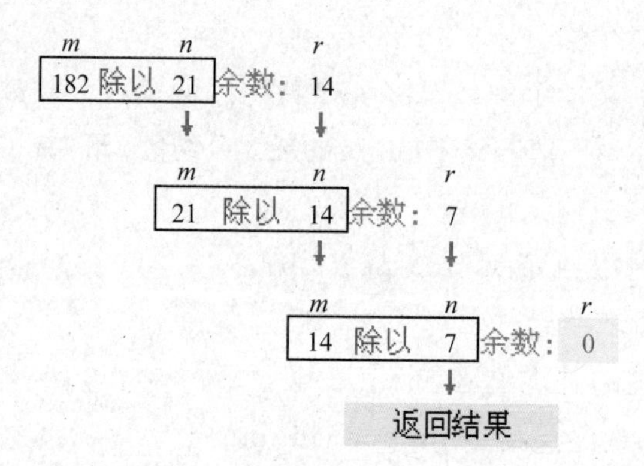

综上所述，实现辗转相除法的基本步骤如下。

第 1 步：较大数 m 除以较小数 n，余数为 r。

第 2 步：如果 r 等于 0，最大公约数就是 n，输出 n 的值，程序结束；否则，转到第 3 步。

第 3 步：更新 m 和 n 的值，$m=n$、$n=r$，返回到第 1 步。

实现辗转相除法的程序流程图如下页图所示。

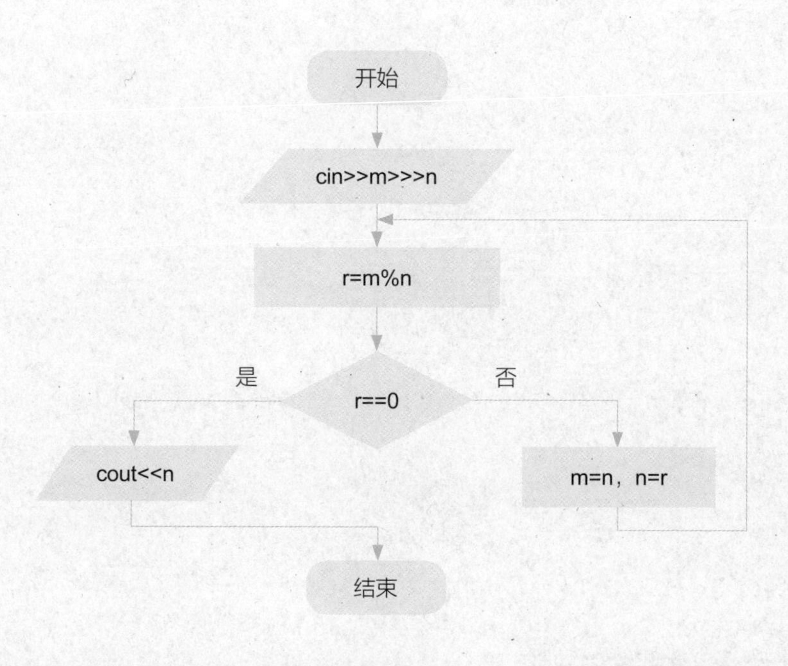

2．函数定义与调用

C++ 中允许函数自己调用自己，称为递归调用。递归包括递推和回归两个过程。本例中将两个数的最大公约数的求解过程定义为函数 gcd(int m,int n)，在求解过程中多次调用 gcd(int m,int n)。

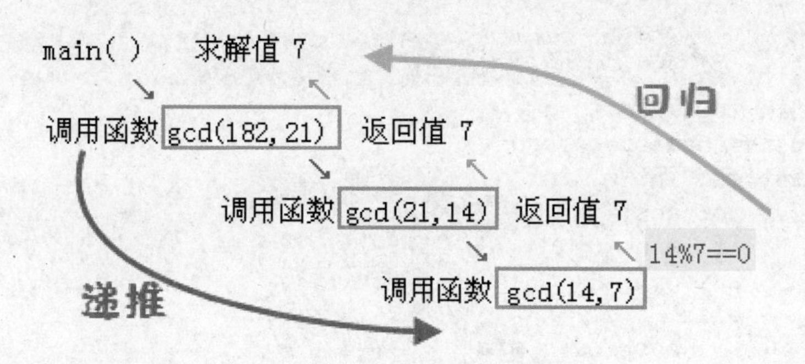

观察函数 gcd(int m,int n) 的参数的变化，分析每一次调用函数时，其参数的变化规律。

函数 gcd(int m,int n) 的递归过程如下页图所示。

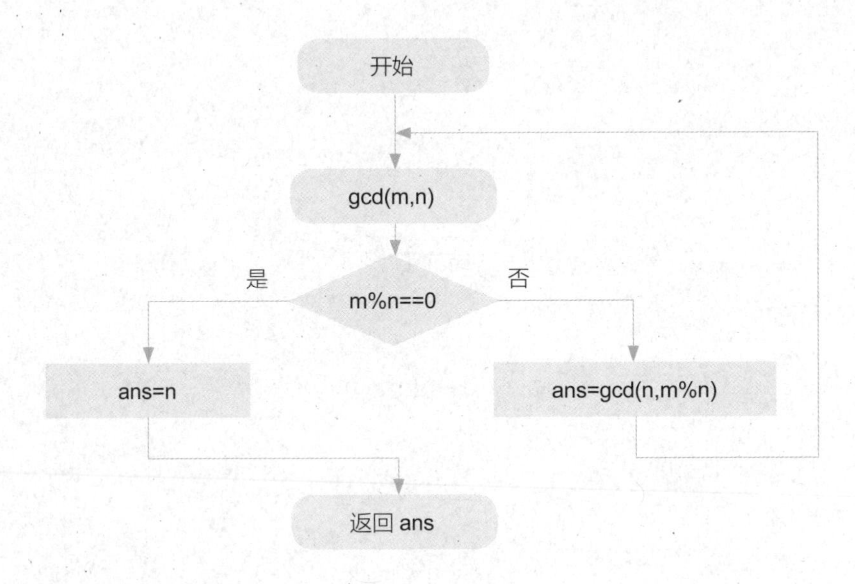

1. 编程实现

在代码编辑区编写程序代码，并以“6-23-1.cpp 第 23 课 巧算最大公约数——函数的递归调用”为文件名保存。

文件名 6-23-1.cpp 第 23 课 巧算最大公约数——函数的递归调用

```
1  #include <iostream>
2  using namespace std;
3  int gcd(int m, int n)    //自定义函数
4  {   int ans;
5      if (m%n==0)          //递归结束条件
6      ans=n;               //取求解值
7      else
8          ans=gcd(n,m%n); //继续调用函数本身
9      return ans;          //返回函数值
10 }
11 int main()
12 {   int a,b;
13     cin>>a>>b;
14     cout<<gcd(a,b);      //调用函数
15     return 0;
16 }
```

2. 测试程序

编译并运行程序。当输入两个整数 75 和 60 时，程序输出 15，

表示 75 和 60 的最大公约数为 15。

```
75 60
15
```

3. 程序解读

本程序在主函数之前，自定义 gcd( ) 函数，所以没有函数声明语句。输入数据存放在变量 a 和 b 中，并作为实参传递给 gcd( ) 函数的形参 m 和 n。第 8 行语句就是在函数 gcd( ) 内部再次调用函数 gcd( )。

4. 易犯错误

自定义函数一定要有返回值，初学者很容易忘记添加 return 语句。在第 8 行语句中再次调用函数，参数一定会有变化，如从调用 (m,n) 变换为调用 (n,m%n) 。

5. 程序改进

在选择结构中，可以应用“三目运算符”，它的应用格式如下：

< 条件表达式 >？ 表达式 1: 表达式 2

若条件表达式成立，则执行表达式 1，否则执行表达式 2。为了使程序更简洁，自定义函数中的 if-else 语句，我们可以采用三目运算符来表达。程序修改如下图所示。

文件名　6-23-2.cpp 第 23 课 巧算最大公约数——函数的递归调用

```
1  #include <iostream>
2  using namespace std;
3  int gcd(int m, int n)    //自定义函数
4  {
5      return m%n==0?n:gcd(n,m%n);//返回函数值
6  }
7  int main()
8  {   int a,b;
9      cin>>a>>b;
10     cout<<gcd(a,b);      //调用函数
11     return 0;
12 }
```

6. 拓展应用

函数的参数可以是数值、变量、表达式，也可以是函数本身。

如输入 3 个正整数，求出它们的最大公约数，要求编写递归函数，返回 3 个正整数的最大公约数，具体的程序代码如下。

```
#include <iostream>
using namespace std;
int gcd(int m, int n) {                    //自定义函数
    return m%n==0?n:gcd(n,m%n);   //返回函数值，采用三目运算
}
int main()
{   int a,b,c;
    cin>>a>>b>>c;
    cout<<gcd(c,gcd(a,b));              //调用函数
    return 0;
}
```

1．函数递归调用的条件

递归调用是函数直接或者间接地调用自身的过程。在编写程序时，递归调用往往会使算法的描述简洁而且易于理解。但是，使用递归调用解决问题必须满足以下 3 个条件。

- 每次调用算法不变，仅在规模上有所缩小。如从求整数对 (182,21) 的最大公约数转变为求整数对 (21,14) 的最大公约数。
- 相邻两次对函数的调用有紧密的联系，前一次要为后一次做准备。如 gcd( ) 函数每一次调用自身时，第 2 个形参接收的值都是前次调用函数的参数求余的结果。
- 在问题的规模极小时，必须直接给出解答而不再进行递归调用（必有结束条件）。如函数 gcd( ) 调用结束的条件是 m%n==0，也称为递归出口。

2．递归关系的表达式

分析问题的关键是找到将大问题分解为小问题的规律，由此写出递推公式，然后推敲终止条件，最后转化为递归函数代码。

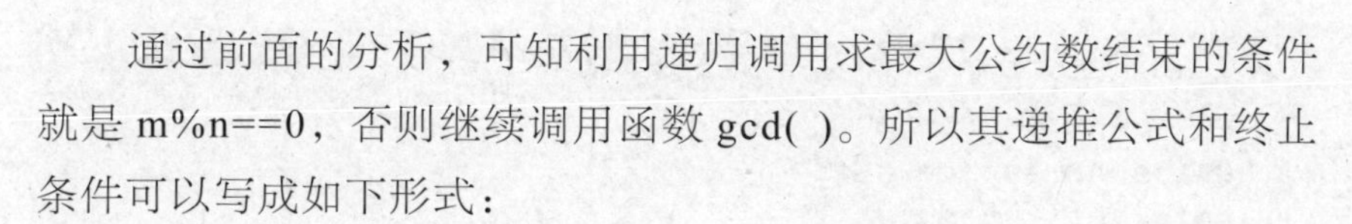

通过前面的分析，可知利用递归调用求最大公约数结束的条件就是 m%n==0，否则继续调用函数 gcd( )。所以其递推公式和终止条件可以写成如下形式：

$$ans=\begin{cases} n & (m\%n ==0) \\ gcd(n,m\%n) & (m\%n!=0) \end{cases}$$

用辗转相除法求最大公约数时，递归调用只有一个分支，即一个问题只需要分解为一个规模更小的子问题。这种情况我们很容易理解，也能够想清楚递推和回归的每一个步骤。

1. 修改程序

下图所示的递归函数的功能是求 n！的值。其中有两处错误，你能指出哪行有错误并改正吗？

练习 1

```
1  #include<iostream>
2  using namespace std;
3  long long jc(int n){
4          if(n == 1) return 0; // 递归边界
5          return jc(n-1) + n;  // 递归公式
6  }
7  int main(){
8      int n;
9      cin >> n;
10     cout << jc(n) << endl;
11     return 0;
12 }
```

修改程序：①________________

②________________

2. 阅读程序写结果

阅读以下程序，写出输出结果。

练习 2

```
1  #include<iostream>
2  using namespace std;
3  void prt(int n)
4  {
5       if(n>0){
6           prt(n-1);
7           for(int i=0;i<n;i++) cout<<n;
8           cout<<endl;}
9  }
10 int main(){
11      prt(5);
12      return 0;
13 }
```

输出：________________

3. 完善程序

下图所示的程序的功能是输入一个正整数，用递归方法从小到大输出它的所有质因数（因数也称素数）。例如，18 的质因数是 2、3，60 的质因数是 2、3、5。请根据题意完善函数调用的相关语句。

练习 3

```
1  #include<iostream>
2  using namespace std;
3  void zys(int n,int p){
4   if(n>1){              //不是1，则开始查找
5       if(n%p==0)        //如果被整除
6        {cout<<p<<' '; //输出质因数
7        ____❶____;      //调用自身，转化为求整数 n/p的质因数
8        }
9       else zys(n, ❷ );//调用自身，尝试下一个值
10   }
11 }
12 int main(){
13       int n;
14       cin >> n;
15       zys(n,2);         //调用函数，从2开始试除
16       cout << endl;
17       return 0;
18 }
```

语句①：________________

语句②：________________

4. 编写程序

方舟小学实验楼共有 n 级台阶，高鹏从地面开始往上走，每次跨一个台阶或者两个台阶。如果 n=1，上去只需要一步，只有一种走法；如果 n=2，可以分两步走，也可以一步上两个台阶，所以有两种走法。思考：如果要从地面开始到达第 n 级台阶，有多少种走法呢？

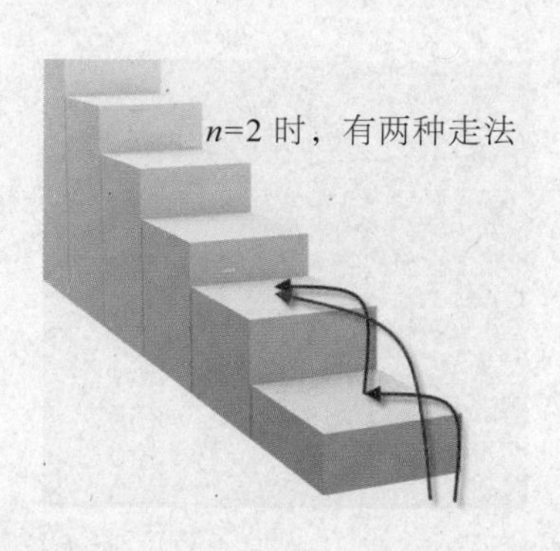

编程任务： 编写一个递归函数，当输入台阶数，程序自动计算并输出有多少种走法。将程序命名为“stairs.cpp”并保存。

例如，输入 4，则程序输出 5。

第7单元
里应外合——文件操作

在前面的学习过程中，我们在调试程序时，总是使用键盘输入数据，在计算机屏幕上显示程序运行结果，这种输入和输出数据的方式只适合小规模数据的处理。但现实生活中往往需要处理大规模的数据，甚至有时还需要长期保存初始数据和结果数据。将大规模数据以文件的形式保存在计算机外存中就能很好地解决这个问题。程序可以从外存中读取数据到内存，最后把处理的结果保存到外存中。最终，在程序的控制下，通过内外数据的交换，协作完成大规模数据的处理。本单元我们就来学习 C++ 程序中常用的文件操作方法。

学习内容

第 24 课

创建记账本——写入数据到文件

扫一扫，看视频

读故事

高鹏的爸爸开了一家小卖部，每天他都会整理一下账目，记录这一天的结余情况。如果结余为负值，则说明这一天开支大于收入。每到月底，高爸爸还要算算月底的结余情况。所以高爸爸的需求是：只要他把每天的结余情况输入计算机，计算机就能自动计算出当月的结余情况。

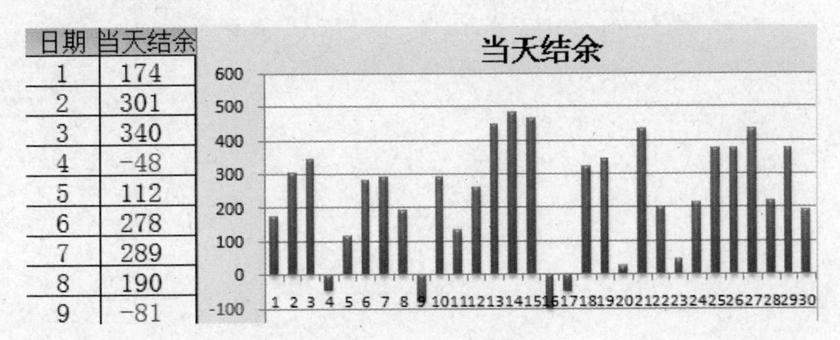

日期	当天结余
1	174
2	301
3	340
4	-48
5	112
6	278
7	289
8	190
9	-81

编程任务： 通过键盘输入每天的结余情况，让程序自动计算这一个月（按 30 天算）的结余情况（精确到 0.1），最后把结余情况保存在本地磁盘 D 中的 account.txt 文件里。

理思路

1. 理解题意

高爸爸每天的结余记录有正数也有负数，所以只要计算正数和负数之和，即可得到当月结余情况。

2. 问题思考

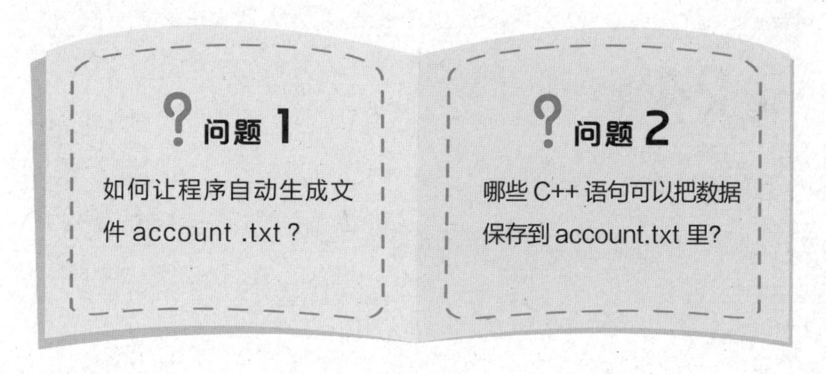

3. 算法分析

要编程实现高爸爸的需求，首先要生成用于存储数据的文件 account.txt，然后用循环结构输入数据，边输入边统计每天的结余值。最后把结余的分析结果存入文件 account.txt。具体的实现过程如下。

第 1 步：生成文件 account.txt。

第 2 步：循环输入每天的结余数据，并求和。

第 3 步：输出一个月的结余值到文件 account.txt 中。

第 4 步：输出结余的分析结果到文件 account.txt 中。

程序流程图如下图所示。

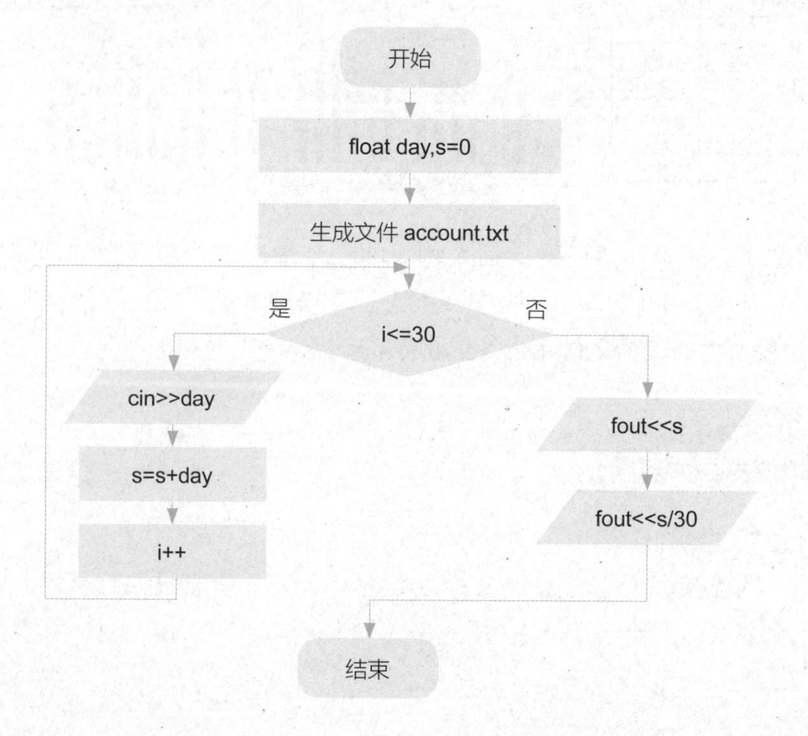

1. ofstream 语句

ofstream 是 C++ 中的文件操作语句，包含在函数库 <fstream> 中，通常以输出的方式打开文件，以便向文件存入数据。其格式和功能如下。

格式： ofstream fout(" 文件名 ", [打开方式]);
示例： ofstream fout("D:\\account.txt");
// 打开 D 盘中的 account.txt 文件

功能： 默认以输出的方式打开文件。

注意：打开指定文件时，如果该文件不存在，则会新建一个文件。

2. C++ 中的格式化输出

在 C++ 中可以按照特定格式输出数据，但必须在主函数前包含头文件 <iomanip>，此头文件内含有常用的输出格式控制函数，如 setw( )、setfill( )、setprecision( )、setiosflags( ) 等。其具体功能示例说明如下。

- setw(*n*)：设域宽为 *n* 个字符。
- setfill('*')：设填充字符为“*”。
- setprecision(n)：设显示小数精度为 *n* 位。
- setiosflags(ios::fixed)：设浮点数以定点小数输出。

阅读以下 C++ 语句，观察其输出格式的不同，体会 setw( )、setfill( )、setprecision( )、setiosflags( ) 函数的功能。

```
double  pi=22.0/7.0;      //计算pi值
cout<<pi<<endl;           //输出pi值:3.14286
cout<<setiosflags(ios::fixed)<<setprecision(3)
cout<<pi<<endl;//输出:3.143
cout<<setfill('*')<<setw(10)<<pi<<endl;//输出:*****3.143
cout<<setiosflags(ios::scientific)<<setprecision(2);
cout<<pi<<endl; //按指数形式输出: 3.14e+000
```

1. 编程实现

在代码编辑区编写程序代码，并以“7-24-1.cpp 第 24 课　创建记账本——写入数据到文件”为文件名保存。

文件名　7-24-1.cpp　第 24 课　创建记账本——写入数据到文件

```
1  #include<iostream>
2  #include<fstream>          //包含文件操作类头文件
3  #include<iomanip>          //输入/输出控制头文件
4  #define N 30               //宏定义，N为30天
5  using namespace std;
6  int main()
7  {
8      float day,s=0;
9      ofstream fout("D:\\account.txt");    //新建文件
10     for(int i=1;i<=N;i++)
11         {cin>>day;
12          s+=day;
13          }
14     fout<<setiosflags(ios::fixed)<<setprecision(1);
15                                      //设显示小数精度为1位
16     fout<<"本月结余总数："<<s<<endl;      //输出到文件
17     fout<<"平均每天结余："<<s/N<<endl;    //输出到文件
18     fout.close();   return 0;
19 }
```

2. 测试程序

编译并运行程序，使用键盘输入下图所示的数据。

```
174  301  340  -48  112  278  289  190  -81  288
130  255  443  478  461  -100  -51  318  341  23
430  201  45  211  374  372  433  219  375  189
```

找到本地磁盘 D 中的 account.txt 文件，双击打开，查阅其中的内容，如下图所示。

```
文件(F)  编辑(E)  格式(O)  查看(V)  帮助(H)
本月结余总数：6990.0
平均每天结余：233.0
```

3. 程序解读

本程序中，第 4 行语句的作用是 N 为 30。第 9 行语句的作用

是打开 account.txt 文件，其中 fout 为文件变量。对文件变量可以任意命名，但要符合变量命名规则。同一个程序中如果有多个输出文件，可以定义不同的输出文件变量。

4. 易犯错误

在主函数前一定要先声明头文件 <fstream>，否则无法使用 ofstream 语句。第 4 行宏定义语句的行尾不能加英文分号。

5. 程序改进

实际应用中，每个月的天数不完全相同，为了能让程序适用于不同的月份，在输入数据前先输入 n 值，表示输入数据的数目。改进后的程序代码如下图所示。

文件名 7-24-2.cpp 第 24 课 创建记账本——写入数据到文件

```
1  #include<iostream>
2  #include<fstream>                //包含文件操作类头文件
3  #include<iomanip>                //输入输出控制头文件
4  using namespace std;
5  int main()
6  {   int n;                       //每月天数
7      float day,s=0;
8      ofstream fout("D:\\account.txt");
9      cin>>n;                      //输入天数
10     for(int i=1;i<=n;i++)
11         {cin>>day;
12          s+=day;
13         }
14     fout<<setiosflags(ios::fixed)<<setprecision(1);
15                                      //设显示小数精度为1位
16     fout<<"本月结余总数："<<s<<endl;     //输出到文件
17     fout<<"平均每天结余："<<s/n<<endl;   //输出到文件
18     fout.close();   return 0;
19 }
```

编译并运行程序，使用键盘输入下图所示的数据。

```
31
174  301  340  -48  112  278  289  190  -81  288
130  255  443  478  461  -100  -51  318  341  23
430  201  45  211  374  372  433  219  375  189
323
```

打开 account.txt 文件，查阅其中的内容，如下图所示。

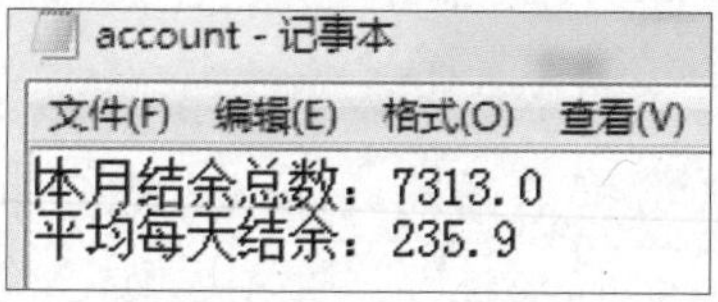

```
account - 记事本
文件(F)  编辑(E)  格式(O)  查看(V)
本月结余总数：7313.0
平均每天结余：235.9
```

6．拓展应用

以上程序每次运行时，account.txt 文件中的原有内容都会被清空。而日常生活中记录的通常是流水账，并不断地在文件的结束处加入新记录，这时必须采用“追加”的方式打开文件。例如，已经有 liushuizhang.txt 文件，其中有 3 条记录，如下图所示。

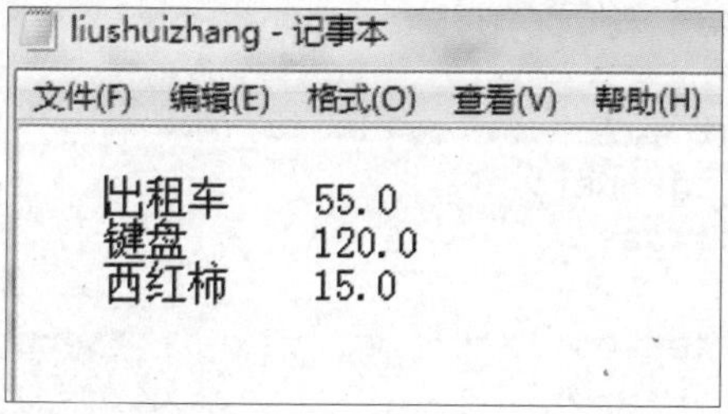

```
liushuizhang - 记事本
文件(F)  编辑(E)  格式(O)  查看(V)  帮助(H)

出租车      55.0
键盘        120.0
西红柿      15.0
```

下面的程序模拟了记流水账并将其存入 liushuizhang.txt 文件的过程。

```
#include<iostream>
#include<string>
#include<fstream>        //包含文件操作类头文件
#include<iomanip>        //输入/输出控制头文件
using namespace std;
int main( )
{     string xm;                    //消费项目名称
      float j;                      //消费金额
      int n;                        //本次记账数目
      ofstream fout("liushuizhang.txt",ios::app); //采用追加方式打开文件
      cout<<"你本次打算记账多少条？请输入数字:"<<endl;
      cin>>n;
      cout<<"消费项目"<<setw(10)<<"消费金额"<<endl; //输出项目
      for(int i=0;i<n;i++)          //每次输入 n 条记录
      {
      cin>>xm>>j;                   //使用键盘输入消费记录，以空格隔开
      fout<<setw(10)<<xm;   //宽度为 10
      fout<<setiosflags(ios::fixed)<<setprecision(1);  //金额保留小数点后 1 位
      fout<<setw(8)<<j<<endl;       //输出到文件
      }
      fout.close( ); return 0;
}
```

编译并运行程序，使用键盘输入下图所示的数据。

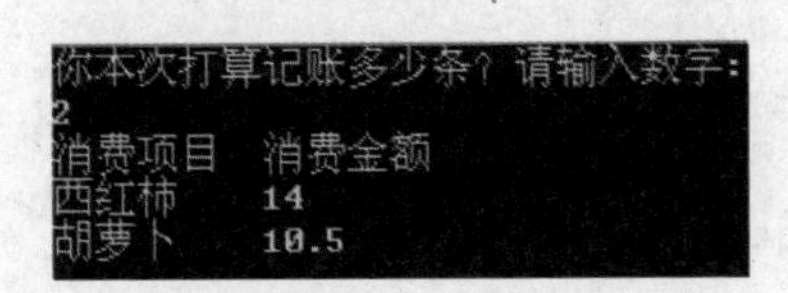

打开 liushuizhang.txt 文件，可以看到最后两行为新添加的记录，如下图所示。

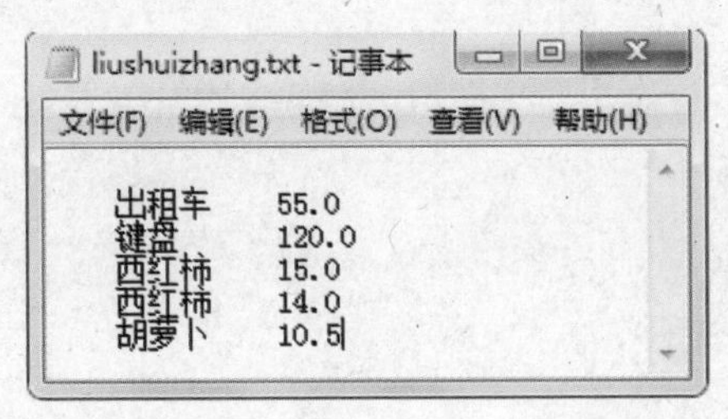

1. 文件的打开

fstream 库中有支持不同程序需求的文件打开方式，常用的文件打开方式有 7 种，具体如下表所示。

打开方式	描述
ios::app	以追加的方式打开文件
ios::in	以输入方式打开文件（文件数据输入到内存）
ios::out	以输出方式打开文件（内存数据输出到文件）
ios::binary	以二进制方式打开文件，默认的方式是文本方式
ios::nocreate	不新建文件，文件不存在时打开失败
ios::noreplace	不覆盖文件，打开文件时，如果文件存在，则打开失败
ios::trunc	如果文件存在，则删除文件

可以用逻辑运算符“|”把各属性连接起来一起使用。

例如：

```
ofstream fout(“bit.ini”; ios::out|ios::binary);
// 以二进制方式打开 bit.ini 文件
```

2. 文件的关闭

在 C++ 中，打开的文件使用完后一定要关闭，目的是把暂存在内存缓冲区中的内容写入文件，并释放打开文件时占用的内存资源。fstream 库提供了成员函数 close( ) 来完成关闭文件的操作。其具体的格式如下。

文件流对象 .close( );

例如：

```
fout.close( );        // 把 fout 相连的文件关闭
```

1. 修改程序

高鹏同学试图把自己的姓名和年龄存到 me.txt 文件中。但运行以下程序后，文件中没有他的信息。观察程序，发现第 5 ~ 11 行语句中有两处错误。你能指出错误并改正吗？

练习 1

```
1  #include<iostream>
2  #include<string>
3  #include<fstream>          //包含文件操作类头文件
4  using namespace std;
5  int main()
6  {    char name;            //姓名为字符串类型
7       int age;
8       ofstream fout("me.txt"); //打开文件
9       cin>>name>>age;
10      cout<<name<<' '<<age<<endl; //输出到文件
11      return 0;
12 }
```

修改程序：①________________

②________________

2. 阅读程序写结果

下图所示的程序的功能是新建 pw.txt 文件。运行程序后，pw.txt 文件中是什么内容呢？请将其内容写在横线处。

练习 2

```
1  #include<iostream>
2  #include<string>
3  #include<fstream>          //包含文件操作的头文件
4  using namespace std;
5  int main()
6  {    string str="Cworld";          //初始化明文
7       ofstream fout("pw.txt");      //打开文件
8       for(int i=0;i<str.size();i++)
9        str[i]=str[i]+3;
10      fout<<str<<endl;          //输出加密后的文件
11      return 0;
12 }
```

pw.txt 文件的内容：________________

3. 完善程序

下页图所示的程序的功能是找出 10000 以内的所有素数，并将其保存到 prime.txt 文件中，每行有 10 个素数。请在横线处补充缺失的语句，使程序完整。

练习 3

```
1  #include<iostream>
2  #include<cmath>
3  #include<fstream>
4  using namespace std;
5  bool IsPrime(int n);                        //声明自定义函数
6  int main() {
7      int m,n=0;
8      ______❶______________;                  //打开prime.txt文件
9      for(m=2; m<10000; m++)                  //枚举要判断的自然数
10      {
11         if(IsPrime(m))                      //调用IsPrime()函数
12          {fout<<m<<' ';                     //输出孪生素数
13          n++;                               //统计素数个数
14          if(n%10==0)fout<< ❷ ;              //每输出10个素数后换行
15          }
16      }
17     fout.close(); return 0;
18 }
```

语句①：________________

语句②：________________

4. 编写程序

使用库函数 sqrt( )，编程求 100 以内所有整数的平方根，并将结果保存在文本文件 sqrt.txt 中。要求每行有 10 个数，每个数精确到小数点后 3 位。将程序命名为“sqrtlist.cpp”。sqrt.txt 文件的内容如下图所示。

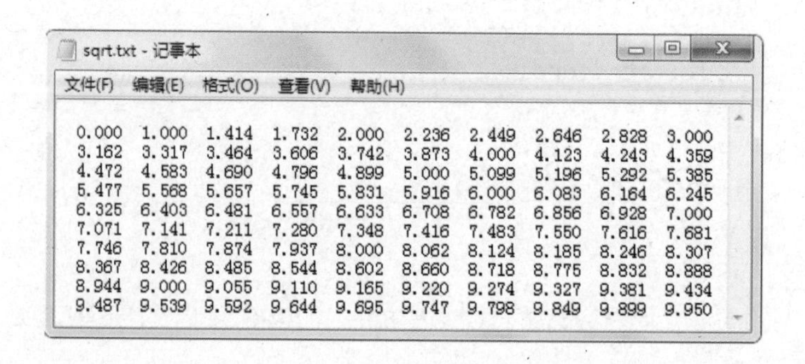


```
0.000 1.000 1.414 1.732 2.000 2.236 2.449 2.646 2.828 3.000
3.162 3.317 3.464 3.606 3.742 3.873 4.000 4.123 4.243 4.359
4.472 4.583 4.690 4.796 4.899 5.000 5.099 5.196 5.292 5.385
5.477 5.568 5.657 5.745 5.831 5.916 6.000 6.083 6.164 6.245
6.325 6.403 6.481 6.557 6.633 6.708 6.782 6.856 6.928 7.000
7.071 7.141 7.211 7.280 7.348 7.416 7.483 7.550 7.616 7.681
7.746 7.810 7.874 7.937 8.000 8.062 8.124 8.185 8.246 8.307
8.367 8.426 8.485 8.544 8.602 8.660 8.718 8.775 8.832 8.888
8.944 9.000 9.055 9.110 9.165 9.220 9.274 9.327 9.381 9.434
9.487 9.539 9.592 9.644 9.695 9.747 9.798 9.849 9.899 9.950
```

第 25 课 查消费记录——读取文件中的数据

扫一扫，看视频

读故事

高爸爸想看看自己记账本文件中的消费记录，但是消费记录太多了，故高爸爸只关注消费额超过 100 元的消费记录。记账本文件保存在计算机的 D 盘中。请你帮助高爸爸设计一个专用的小程序，把记账本文件里消费额超过 100 元的消费记录显示出来。

编程任务： 高爸爸的 30 条消费记录保存在 D 盘的 account.txt 文件中，使用读取文件的方式把 30 条消费记录中消费额超过 100 元的消费记录显示在计算机屏幕上，要求显示消费序号和消费额。

1. 理解题意

高爸爸的消费记录保存在文件中，每一行为一条记录。每条记录包括两部分内容：消费序号（假设消费序号就是记录的行号）和消费额。故只要输出行号和消费额即可。

2. 问题思考

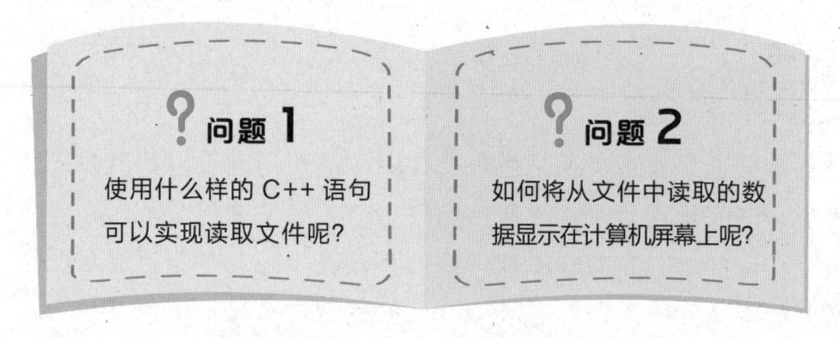

3. 算法分析

根据编程任务需求，要输出消费序号和消费额，首先要打开事先保存好的、存有消费记录的文件 account.txt，确定记录存储的格式，然后使用循环结构读取消费记录。循环结构中要嵌套判断语句，判断消费额是否大于 100 元，如果大于就输出。最后把数据显示在计算机屏幕上。算法实现过程如下。

第 1 步：打开 account.txt 文件。

第 2 步：如果 i<30，则读取消费额，转到第 3 步，否则转到第 4 步。

第 3 步：如果消费额大于 100，则输出行号和消费额，然后转到第 2 步，否则直接转到第 2 步。

第 4 步：程序结束。

程序流程图如下页图所示。

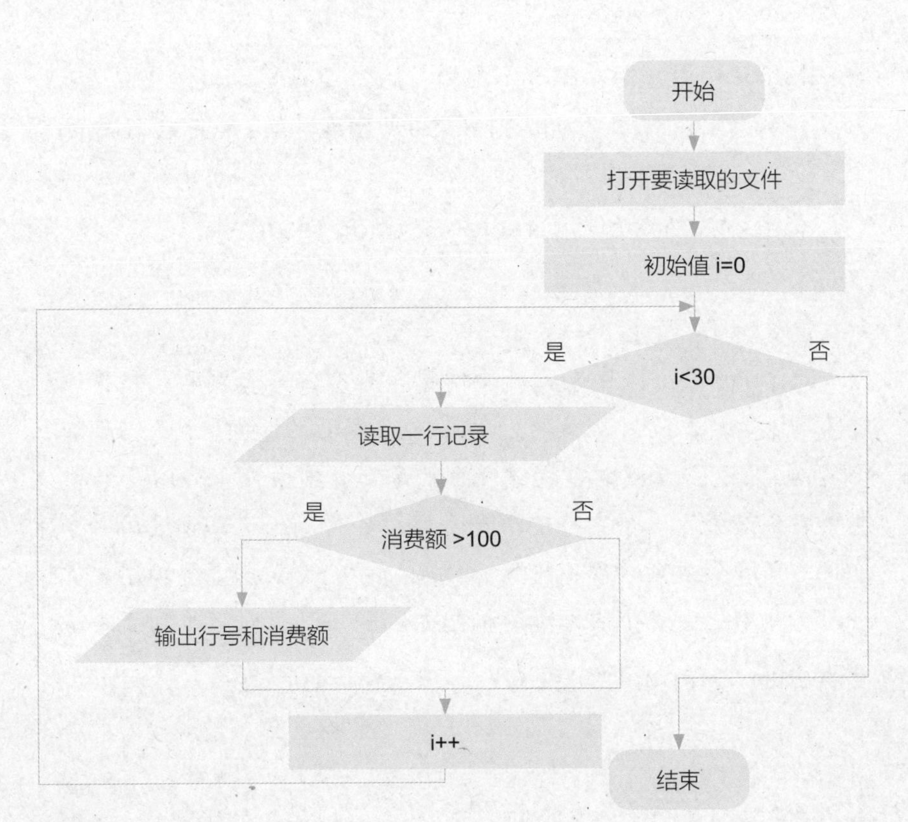

1. ifstream 语句

与 ofstream 语句相似，ifstream 也是文件操作类语句，只不过它打开的是已经在硬盘中存在的文件。ifstream 常常以输入方式打开文件，目的是从文件中读取相应的数据，方便程序处理和分析数据。ifstream 语句的格式和功能如下。

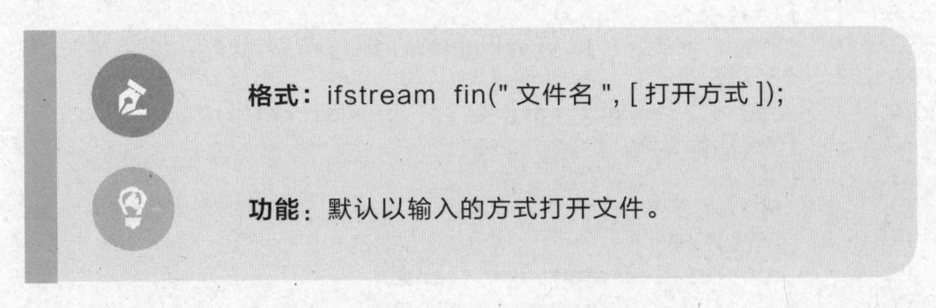

例如，打开计算机 D 盘中的文件 account.txt：

```
ifstream fin("D:\\account.txt");
if(!fin)              // 如果打开文件时出现异常，程序会有提示
 {
cout<<"can not open file!"<<endl; return 1;
 }
```

2. eof( ) 函数

eof( ) 函数可以用来判断文件是否为空，或者判断其是否读到文件结尾。读取文件结束时，fin.eof( ) 函数的返回值为 1。但是，eof( ) 函数返回 true 时，程序读到的是文件结束符“0xFF”，而文件结束符是最后一个字符的下一个字符。因此，当读到最后一个字符时，程序会多读一次，导致文件中最后一个数据重复输出。如果出现文件中最后一个数据重复输出的问题，则可以修改判断条件：

```
while (fin.peek( )!=EOF)
```

1. 编程实现

在代码编辑区编写程序代码，并以“7-25-1.cpp 第 25 课　查消费记录——读取文件中的数据”为文件名保存。

文件名　7-25-1.cpp　第 25 课　查消费记录——读取文件中的数据

```
1  #include <iostream>
2  #include<iomanip>           //包含I/O流控制头文件
3  #include <fstream>          //包含文件操作类头文件
4  using namespace std;
5  int main() {
6      float c;
7      ifstream fin("D:\\account.txt");//读取文件
8      if(!fin) {                      //错误反馈
9       cout<<"can not open file!"<<endl;return 1;}
10     for(int i=0; i<30; i++)
11     {
12      fin>>c;                //从文件读出数据到内存变量
13      if(c>100)
14      cout<<i+1<<setw(5)<<c<<endl;//两数据间宽度为5
15     }
16     fin.close(); return 0;
17 }
```

2. 测试程序

account.txt 文件中的所有消费记录如下。

消费序号	消费金额	消费序号	消费金额
1	231	16	93
2	178	17	45
3	66	18	162
4	105	19	114
5	79	20	34
6	15	21	21
7	10	22	144
8	132	23	50
9	27	24	51
10	147	25	58
11	47	26	98
12	30	27	116
13	132	28	15
14	64	29	85
15	164	30	36

编译并运行程序，计算机屏幕上显示的结果如下图所示。

```
1  231
2  178
4  105
8  132
10  147
13  132
15  164
18  162
19  114
22  144
27  116
```

3. 程序解读

本程序中，第 8 行语句的作用是打开要读取的 account.txt 文件，文件变量为 fin。第 10 ~ 15 行语句的作用是循环读取文件数据，如果消费额大于 100，则将消费记录分别输出到计算机屏幕上。

4. 易犯错误

在读取 account.txt 文件时，第 8 行语句中的“文件名”一定不能录入错。程序中使用 setw( ) 函数设置数据间宽度，一定不要忘记使用头文件 <iomanip>。第 16 行语句中的 fin.close( ) 为文件关闭语句，不能省略。打开的所有文件，在程序结束时一定要关闭。

5. 程序改进

本程序是在已知消费记录为 30 条的情况下实现的。如果要在不知道文件中有多少条消费记录的情况下，让程序从文件中正确地读取数据，那么应如何改进程序呢？可以修改循环条件，程序代码如下图所示。

文件名 7-25-2.cpp 第 25 课 查消费记录——读取文件中的数据

```
1  #include <iostream>
2  #include<iomanip>          //包含I/O流控制头文件
3  #include <fstream>         //包含文件操作类头文件
4  using namespace std;
5  int main()
6  { float c;
7      int i=1;
8   ifstream fin("D:\\account.txt"); //读取文件account.txt
9   while(!fin.eof())
10  {
11     fin>>c;                //从文件读出数据到内存变量
12      if(c>100)
13     cout<<i<<setw(5)<<c<<endl;
14     i++;
15     }
16  fin.close();     return 0;
17 }
```

6. 拓展应用

本程序中，借助 eof( ) 函数的返回值来判断文件是否结束，也可以借助 fin>>c 语句的执行结果来判断文件是否结束。因为当无法从文件中读取数据时，fin>>c 会返回 0，否则会返回 1，程序代码如下。

```
#include <iostream>
#include<iomanip>        //包含输入流和输出流控制头文件
#include <fstream>        //包含文件操作类头文件
using namespace std;
int main( )
{ float c;
     int i=1;
  ifstream fin("D:\\account.txt"); //读取文件 account.txt
  while(fin>>c) //从文件中读取数据到内存变量 c，操作成功返回 1，否则返回 0
  {
      if(c>100)
     cout<<i<<setw(5)<<c<<endl; //设置两数据间宽度为 5
     i++;
     }
  fin.close( );       return 0;
}
```

1. 文本文件

在 C++ 程序中，用于保存数据的文件按存储格式可划分为文本文件和二进制文件。文本文件又称字符文件，用于存储英文、数字、汉字等字符。在 C++ 中，使用 ofstream fout("account.txt") 语句打开的文件，默认就是文本文件。因为文本文件中输入和输出的数据是字符或字符串，可以被修改，所以程序中新建的 account.txt 文件还可以被文本类编辑器打开。

2. 二进制文件

二进制文件是以二进制编码的形式保存的。二进制文件中输入和输出的是一系列字节，无法被修改。例如，字母 a 在文本文件中保存的是字符 a，但是在二进制文件中保存的是 01100001，是 1 字节。为了方便查看，通常以十六进制形式将字母 a 表示为 61。部分可见字符和对应的二进制编码如下页表所示。

二进制	十进制	十六进制	字符	二进制	十进制	十六进制	字符
0100 0000	64	40	@	0110 0000	96	60	`
0100 0001	65	41	A	0110 0001	97	61	a
0100 0010	66	42	B	0110 0010	98	62	b
0100 0011	67	43	C	0110 0011	99	63	c
0100 0100	68	44	D	0110 0100	100	64	d
0100 0101	69	45	E	0110 0101	101	65	e
0100 0110	70	46	F	0110 0110	102	66	f

例如，对于单词 beef，在文本文件中保存的是 beef，在二进制文件中保存的是 01100010 01100101 01100101 01100110。

在 C++ 程序中，使用 ofstream fout("file.dat", ios::binary) 函数打开二进制文件，使用 read( ) 和 write( ) 函数读写二进制文件。例如，创建二进制文件格式的记账本的程序如下图所示。

```
1  #include <fstream>
2  #include<iostream>
3  using namespace std;
4  struct gaoxiansh                    //定义结构体
5  {char xm[20];                       //消费项目
6      float c;                        //金额
7  };
8  int main( )
9  {
10     gaoxiansh xf[3]={"一日三餐",50,
11                      "买衣服",150,
12                      "买零食",55,};//初始化数据
13     ofstream fout("account.dat",ios::binary);
14     for(int i=0;i<3;i++) //循环3次存入文件
15        fout.write((char*)&xf[i],sizeof(xf[i]));
16        fout.close( );
17     return 0;
18 }
```

1. 修改程序

某地天文台记录了本地一年的日照时间，这些数据都保存在一

个文本文件中，文件名是 sun.txt，文件中的数据之间用空格分开。下图所示的程序试图通过读取 sun.txt 文件中的数据，求出平均每天的日照时间。但第 5 ~ 10 行语句中有两处错误，你能指出错误并改正吗？

练习 1

```
1  #include <iostream>
2  #include <fstream>          //包含文件操作类头文件
3  using namespace std;
4  int main()
5  {float s=0,f;
6   ifstream fin("suntxt"); //读取文件sun.txt
7   for(int i=0;i<365;i++)
8   {  fout<<f;             //从文件中读出数据到内存变量
9      s=s+f;
10     }
11  cout<<s/365<<endl;
12  fin.close() ;  return 0;
13 }
```

修改程序：①________________

②________________

2. 阅读程序写结果

计算机硬盘中存放 data.txt 文件，该文件中有以下 10 个数据：15、4、42、7、18、5、21、2、22、3。运行下图所示的程序，计算机屏幕上会显示怎样的输出结果呢？请将结果写在程序下方的横线处。

练习 2

```
1  #include <iostream>
2  #include <fstream>          //包含文件操作类头文件
3  using namespace std;
4  int main()
5  {float c,s=0;
6   ifstream fin("data.txt"); //读取文件
7   for(int i=0;i<6;i++)
8   {
9      fin>>c;                //从文件中读出数据到内存变量
10      s=s+c;
11     }
12     printf("%.2f",s/6);
13  fin.close();      return 0;
14 }
```

屏幕上显示的输出结果：______________

3. 完善程序

下图所示的程序的功能是输出 10000 以内的所有素数，以二进制方式打开 prime.dat 文件，并将数据保存在 prime.dat 文件中。其中有两处缺失语句，请你补充完整。

练习 3

```
1  #include <iostream>
2  #include <iomanip>
3  #include <fstream>
4  #include <cmath>
5  using namespace std;
6  int main()
7  {
8    ofstream fout("prime.dat",_______❶_______);
9    if(!fout) {  cout<<"can not open file!"<<endl; return 1; }
10   int i,j;
11   for(i=2;i<=1000;i++)
12    {
13     for(j=2;j<=sqrt(i);j++)
14       if(___❷___)break;
15     if(j>sqrt(i)) fout.write((char *)&i,sizeof(i));
16    }
17   fout.close();  return 0;
18 }
```

语句①：______________

语句②：______________

4. 编写程序

zhichengshu.txt 文件中存放着一列整数，其中有一些数很特殊，被称为支撑数。支撑数的特点如下：它不在第一个，也不在最后一个，而且比左右相邻的数都大。

请编写一个程序，找出一列整数中所有的支撑数并输出。将程序命名为“zhichengshu.cpp”。

输入样例：

1 5 3 8 9 9 10 2 1 22 4

输出样例：

5 10 22

第26课 数连绵群山——文件的读和写

扫一扫，看视频

读故事

黄山的山峰连绵不断，一座挨着一座，不断向远处延伸，气势磅礴。在山间游玩的高鹏不可能在同一个位置看到所有的山，因为高山会遮住矮山。假设在高鹏面前正好有一排山，他已经知道每一座山的相对高度，从左边放眼望去，高鹏能看到几座山呢？看到山顶就算看到山，但如果两座山一样高，那只能算左边的一座山。

编程任务： mountain.in 文件中存放的是 n 座山的相对高度的数据，请编写一个程序从 mountain.in 文件中读取这 n 个数据，统计高鹏可以看到的山的数目，最后将其输出到 mountain.out 文件中。

理思路

1. 理解题意

从左向右看不同高度的山，只要后一座山比前一座山高，后一座山就能被看到。从程序方面来理解，其实就是比较文件 mountain.in 中数据的大小。比较相邻数据，通过统计、计数的方式得到结果。另外，题目中要求 mountain.in 和 mountain.out 两个文件都要被打开。

2. 问题思考

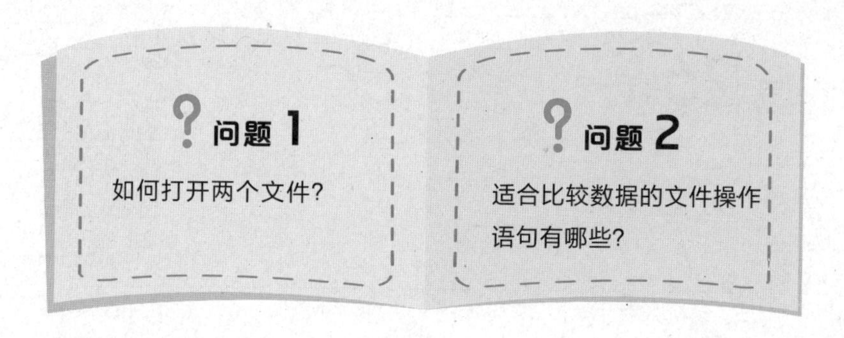

3. 算法分析

首先分析文件的数据格式。在 mountain.in 文件中，第 1 行为 1 个正整数 n，表示有 n 座山，如 n=5；第 2 行为 n 个正整数，依次表示从左到右的每座山的相对高度，两个数之间使用空格隔开。例如：300 700 700 200 800。

在 mountain.out 文件中，只有一行数据且只有一个正整数，表示从左向右看，能看到的山的数目，如 3。

打开 mountain.in 文件和 mountain.out 文件。使用循环语句从文件 shan.in 中读取数据，并将其暂时存放在数组 a 中。然后从第 1 个数开始逐一比较，只要后一个数比前一个数大，则计数一次，直到所有数据比较完成。具体过程如下。

第 1 步：打开 mountain.in 文件和 mountain.out 文件。

第 2 步：初始化最大值 max=0，计数器 ans=0，循环变量 i=1。

第 3 步：输入山的数目 n。

第 4 步：循环输入 n 座山的高度数据并将其依次保存在数组 a 中。

第 5 步：循环从数组 a 中依次读取山的高度数据 a[i]，如果 max<a[i]，则 max=a[i]、计数器 ans++。

第 6 步：输出 ans 值。

程序流程图如下图所示。

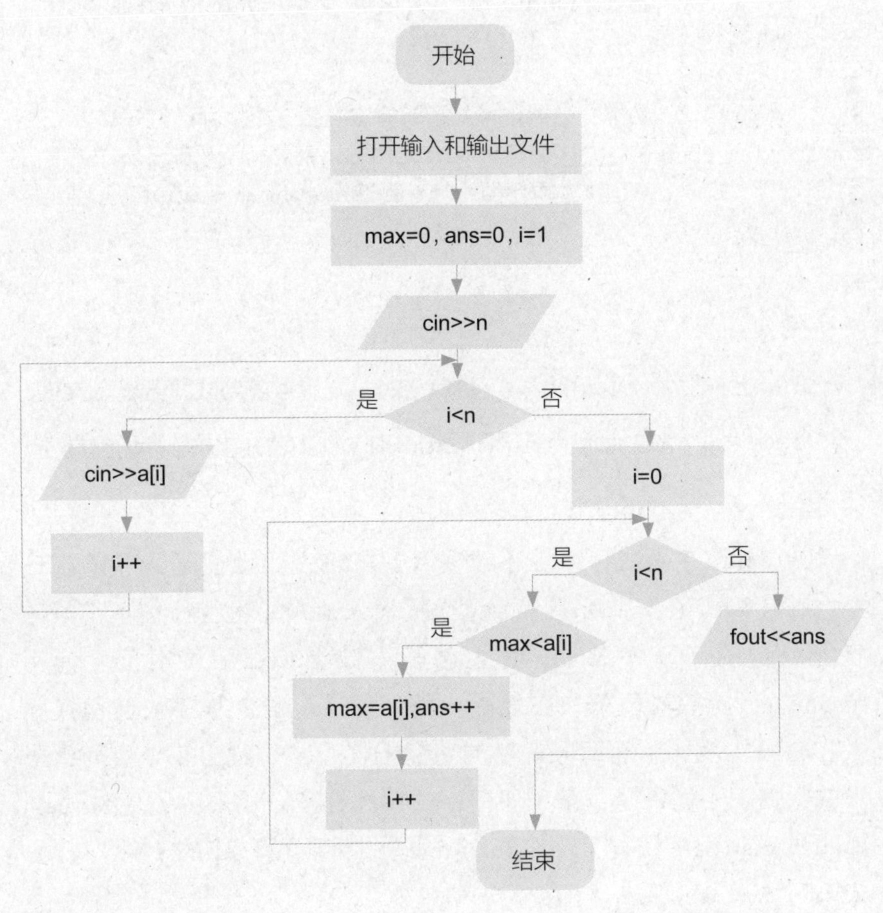

1. freopen( ) 函数

freopen( ) 是包含在 C++ 标准库头文件 <cstdio> 中的一个函数，用于重定向文件的输入和输出。其常用格式和功能如下。

格式： freopen(" 文件名 "," 打开模式 ", 文件标准);

功能： 以指定模式重新指定到另一个文件。打开模式用于指定新文件的访问方式。r 表示读，w 表示写，文件标准为 stdin 或 stdout。

例如：

```
freopen("mountain.in","r", stdin);       // 以读的方式打开输入文件
freopen("mountain.out","w",stdout); // 以写的方式打开输出文件
```

2. freopen( ) 函数的优势

freopen( ) 函数可以在不改变代码的情况下改变输入和输出环境。在计算机编程中可能有大量数据输入，程序运行往往不是一次就能成功的，但每次运行都重新输入数据会很浪费时间。使用 freopen( ) 函数既能解决重复输入的问题，也能使程序快速切换输入和输出环境。下面两段程序的功能一样，都是找出 n 个数据中最大的数据。不同的是，第 1 段程序的文件打开方式采用的是 fstream 库中的 ifstream 语句和 ofstream 语句，第 2 段程序的文件打开方式采用的是 freopen( ) 函数。

第 1 段程序：

```
int main( ){
    ifstream fin("data.in");            // 打开输入文件
    ofstream fout("data.out");          // 打开输出文件
    int i, n,a,max=-9999;
    fin>>n;                             // 从文件 fin 中读取
    for(i = 1;i <= n;++i )
      {
```

```
        fin>>a;                          // 从文件 fin 中读取
        if(a > max)
            max = a;
        }
    fouts<max;                           // 向文件 fout 中写入
    return 0;
}
```

第 2 段程序：

```
int main( ){
    freopen("data.in","r",stdin);        // 打开输入文件
    freopen("data.out","w",stdout);  // 打开输出文件
    int i,n,a,max=-9999;
    cin>>n;
    for(i = 1; i <= n; ++i)
        {
        cin>>a;
        if(a > max)
            max = a;
        }
    cout<<max;
    return 0;
}
```

可见，如果切换为非文件输入和输出的格式，后者要修改的语句比较少，只需要删除如下两行语句即可：

```
freopen("data.in","r",stdin);            // 打开输入文件
freopen("data.out","w",stdout);          // 打开输出文件
```

1. 编程实现

在代码编辑区编写程序代码，并以“7-26-1.cpp 第 26 课 数连绵群山——文件的读和写”为文件名保存。

文件名 7-26-1.cpp 第 26 课 数连绵群山——文件的读和写

```
1  #include<cstdio>
2  #include<iostream>
3  using namespace std;
4  int main() {
5      freopen("mountain.in", "r", stdin); //打开输入文件
6      freopen("mountain.out","w",stdout); //打开输出文件
7      int i,n,a[101],max=0,ans=0;          //ans用于计数
8      cin>>n;
9      for(i=1; i<=n; ++i)      //暂存数据到数组a中
10      cin>>a[i];
11     for(i=1; i<=n; ++i) {
12      if(a[i]>max)            //判断后面是否有更高的山
13        {max=a[i]; ++ans;}  //ans统计的是能看到的山的数目
14     }
15     cout<<ans;
16     fclose(stdin);
17     fclose(stdout); return 0;
18 }
```

2. 测试程序

编译并运行程序，输入内容如下图所示。

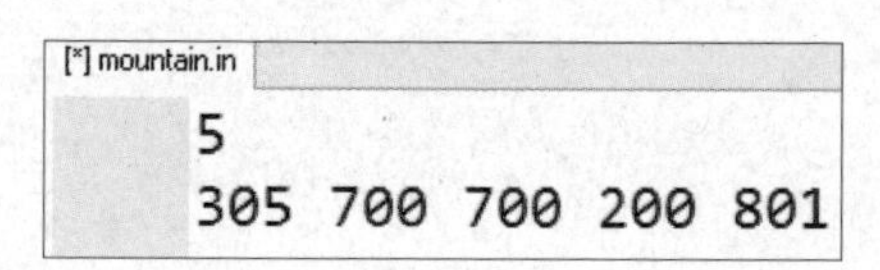

输出内容如下图所示。

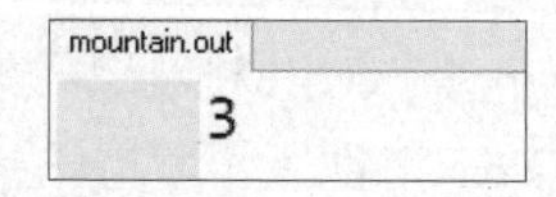

3. 程序解读

本程序中，第 5 行和第 6 行语句的作用分别是打开输入文件和输出文件。第 7 行语句中的变量 max 的初始值为 0，这是因为要比

较的数据都是正整数，0 为最小的正整数，有利于数据的比较。ans 是“answer”的缩写，表示题目所求的答案。程序中，ans 作为计数器，从左向右依次比较数据，每发现一个较大的数据，计数器 ans 就增加 1。

4. 易犯错误

freopen( ) 函数的参数必须一致，如“r”必须和 stdin 对应，不能出错。为交流和阅读方便，编写程序时，可将输入文件的扩展名定为 .in，输出文件的扩展名定为 .out。可见，文件扩展名和函数参数都有一致性。另外，输入文件和输出文件及程序通常存放在同一个文件夹中。

5. 程序改进

本程序中使用了数组暂存数据，可以帮助我们直观理解数据的特点。但此程序每次读取数据时，都可以直接比较、统计数据，所以可以不用数组暂存数据，改进的程序代码如下图所示。

文件名　7-26-2.cpp　第 26 课　数连绵群山——文件的读和写

```
1  #include<cstdio>
2  #include<iostream>
3  using namespace std;
4  int main(){
5      freopen("mountain.in", "r", stdin);//打开输入文件
6      freopen("mountain.out","w",stdout);//打开输出文件
7      int i, n,a,max=0,ans=0;      //ans用于计数
8      cin>>n;
9      for(i = 1; i <= n; ++i)
10     {cin>>a;                  //每次读取一座山的高度数据
11      if(a>max)                //如果a较大，则说明山能被看到
12      {max = a;++ans;}         //ans统计的是能看到的山的数目
13     }
14     cout<<ans;  return 0;
15 }
```

6. 拓展应用

本案例是在一组数中找较大值。那么我们也可以在一组数中同时找出最大值和最小值。假设某一组数保存在 account.in 文件中，编写程序，找出其中的最大值和最小值，并将值保存在 account.out

文件中，参考程序代码如下。

```
#include <iostream>
#include <fstream>                        //包含文件操作类头文件
using namespace std;
int main() {
    float c,max=-9999,min=9999;
    freopen("account.in", "r", stdin);    //打开输入文件
    freopen("account.out","w",stdout);//打开输出文件
    while(cin>>c) {                       //从文件中读出数据到内存变量
        if(c>max) max=c;                  //找最大值
        if(c<min) min=c;                  //找最小值
    }
    cout<<min<<' '<<max<<endl;            //最小值和最大值之间加空格
    fclose(stdin);
    fclose(stdout);   return 0;
}
```

1. 修改程序

在 num.in 文件中存放了 *n* 个整数，编程把能被 13 整除的数统计出来，把结果存放在另一个 num.out 文件中。观察以下程序，其中有 3 处错误，请对其进行修改。

练习 1

```
1  #include<cstdio>
2  #include<iostream>
3  using namespace std;
4  int main(){
5      freopen("num.in", "w", stdout);//打开输入文件   ❶
6      freopen("num.out","r",stdin);//打开输出文件     ❷
7      int i,n,a,ans=0;            //ans用于计数
8      cin>>n;
9      for(i = 1; i <= n; ++i)
10     {cin>>a;
11      if(a%13)    ++ans; //ans统计数目              ❸
12     }
13     cout<<ans;  return 0;
14 }
```

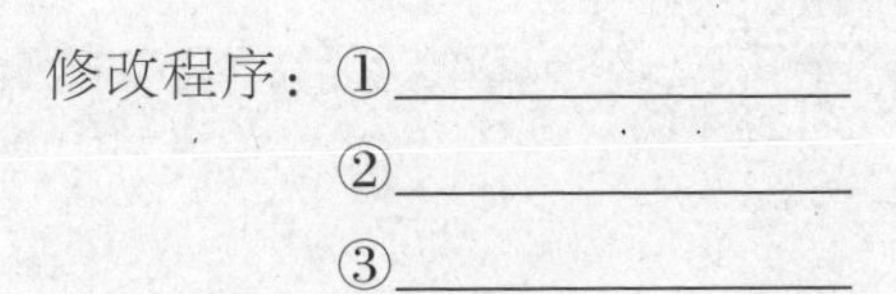

修改程序：①________

②________

③________

2. 阅读程序写结果

输入文件 str.in 中保存了一句英文："There are 365 days in a year."。运行下面的程序后，str.out 文件中是什么内容呢？请将结果写在程序下方的横线处。

练习 2

```
1  #include<cstdio>
2  #include<string>
3  #include<iostream>
4  using namespace std;
5  int main(){
6      freopen("str.in", "r", stdin);//打开输入文件
7      freopen("str.out","w",stdout);//打开输出文件
8      string s;
9      int i,k,ans=0;       //ans用于计数
10     getline(cin,s);
11     for(i = 0; i <=s.size(); i++)
12     {k=s[i];
13      if(k>=48&&k<=57)    ++ans; //ans统计数目
14     }
15     cout<<ans;  return 0;
16 }
```

str.out 文件内容：________

3. 完善程序

输入文件 jz.in 中存放的是 $m \times n$ 的矩阵。运行以下程序，经过转置后，输出矩阵并将其存放在 jz.out 文件中。下页图所示的程序中有两处空白，请补充完整。

练习 3

```
1  #include<iostream>
2  using namespace std;
3  int data[100][100];
4  int main() {
5      freopen(________❶________);//打开输入文件
6      freopen("jz.out","w",stdout);//打开输出文件
7      int m,n,i,j;
8      cin>>m>>n;
9      for(i=0; i<m; i++)
10         for(j=0; j<n; j++)
11             cin>>data[i][j];
12     for(i=0; i<n; i++) {
13         for(j=0; j<m; j++)
14             ________❷________;
15         cout<<endl;
16         }
17     return 0;
18 }
```

语句①：________________

语句②：________________

4．编写程序

输入文件 zm.in 中存放了一个字符串，编写一个程序，其功能是把这个字符串中所有的小写字母都转换成大写字母，其他字符不变。处理完成后将结果保存在输出文件 zm.out 中。将该程序命名为“zm.cpp”。

例如，若输入文件中保存的内容为

You already have a Google Account. You can sign in on the right.

则输出文件中保存的内容为

YOU ALREADY HAVE A GOOGLE ACCOUNT. YOU CAN SIGN IN ON THE RIGHT.

第8单元

运筹决算——基本算法

通过编写 C++ 程序，我们可以利用计算机强大的计算能力处理庞大的数据。但是数据处理也有规则，这些解决确定问题的规则称为算法。同一问题可以采用不同的算法来解决，但是有些算法可能会较为笨拙，甚至会很复杂，只有精妙的算法才能帮助我们快速、高效地解决问题。本单元就让我们一起来领悟算法的奥秘吧！

学习内容

- 第 27 课　四叶玫瑰数——穷举算法
- 第 28 课　数据表排序——排序算法
- 第 29 课　多米诺骨牌——递推算法
- 第 30 课　组合数问题——搜索和回溯

四叶玫瑰数
——穷举算法

数学世界里有很多奇妙的数字，如亲和数、回文数、水仙花数、四叶玫瑰数等。李明最近打算研究一下四叶玫瑰数的奇妙之处。

通过查阅资料，李明知道四叶玫瑰数是一个四位数，它每位上的数字的 4 次幂之和等于它本身。例如，$1634=1^4+6^4+3^4+4^4$。

编程任务： 帮助李明找出所有四位数中的四叶玫瑰数。

1. 理解题意

根据题目描述，一个数为四叶玫瑰数的前提是这个数是一个四位数，所以本题可以理解为列举出所有的四位数，然后逐一甄别其是否满足四叶玫瑰数的条件，若满足，则将其确定为四叶玫瑰数，最后统计出所有的四叶玫瑰数并输出。

2. 问题思考

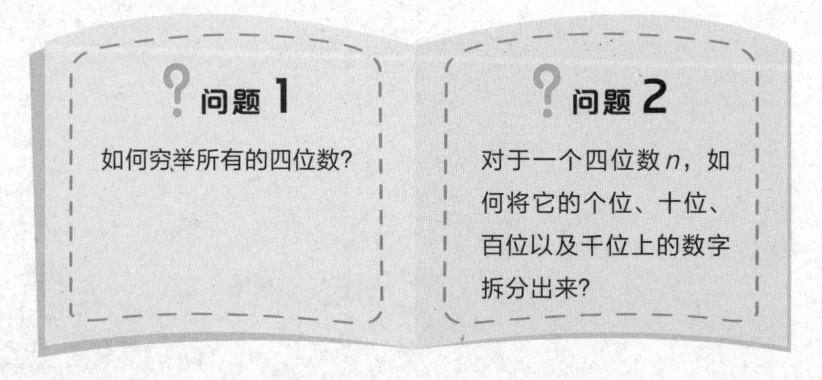

3. 算法分析

所有四位数是指 1000 ~ 9999 的整数，那么从 1000 穷举到 9999 可以用循环结构完成。循环结构里面要嵌套条件判断语句，判断这个数字是不是四叶玫瑰数。如果是，就输出该数字。算法实现过程如下。

第 1 步：用循环结构穷举所有的四位数。

第 2 步：每穷举一个数，就判断其是否符合四叶玫瑰数的判断条件。如果符合，则输出该数字。

程序流程图如右图所示。

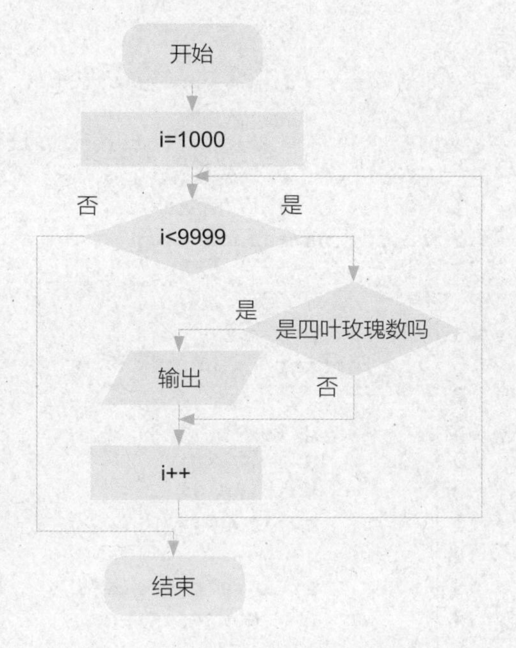

1. 穷举

穷举，即枚举的意思，就是把所有的情况逐一列举，然后筛选出满足条件的情况。例如，本题中要穷举所有的四位数，就是用循环结构让循环变量从 1000 循环到 9999。用代码表示就是

```
for (int i=1000;i<=9999;i++)
```

2. 判断四叶玫瑰数

根据判定条件，四叶玫瑰数需满足如下条件：一个四位数，它的千位数字的四次方，加上百位数字的四次方，加上十位数字的四次方，加上个位数字的四次方之和等于它本身。那么，如何把一个四位数的个位、十位、百位、千位上的数字拆分出来是本题的一个难点。

我们可以利用第 1 单元学过的算术运算符来拆分数字。例如，

要拆分一个四位数 a，那么，其个位数字可以表示为 g=a%10，十位数字可以表示为 s=a/10%10，百位数字可以表示为 b=a/100%10，千位数字可以表示为 q=a/1000。

1. 编程实现

在代码编辑区编写程序代码，并以“8-27-1.cpp 第 27 课　四叶玫瑰数——穷举算法”为文件名保存。

文件名　8-27-1.cpp　第 27 课　四叶玫瑰数——穷举算法

```
1  #include<iostream>
2  using namespace std;
3  int main()
4  {
5      int g,s,b,q;
6      for(int i=1000;i<=9999;i++)  //穷举四位数
7      {
8          g=i%10;                  //求出个位数字
9          s=i/10%10;               //求出十位数字
10         b=i/100%10;              //求出百位数字
11         q=i/1000;                //求出千位数字
12                                  //判断是否是四叶玫瑰数
13         if(i==g*g*g*g+s*s*s*s+b*b*b*b+q*q*q*q)
14             cout<<i<<endl;
15     }
16      return 0;
17  }
```

2. 测试程序

程序运行后，输出了所有的四叶玫瑰数，共 3 个，如下图所示。

3. 程序解读

本程序先定义了 4 个整型变量 g、s、b、q，分别用于存放一个四位数拆分出来的个位数字、十位数字、百位数字和千位数字。第 6 行语句的作用是循环穷举所有四位数；第 13 行语句的作用是判断当前四位数是否是四叶玫瑰数，若满足条件就输出这个数。

4. 易犯错误

使用穷举算法最易犯的错误是没有准确地列举完所有可能的情况，存在漏举、多举等情况，从而造成答案不准确。所以编程前，要充分理解题意，准确列举出所有可能的情况。

5. 拓展应用

除了使用本案例中的一重循环结构穷举所有的四位数外，还可以用四重循环结构穷举四位数的所有组合情况，第 1 层循环穷举千位数字，可以是 1 ~ 9；第 2 层循环穷举百位数字，可以是 0 ~ 9；第 3 层循环穷举十位数字，可以是 0 ~ 9；第 4 层循环穷举个位数字，可以是 0 ~ 9，然后判断其是否是四叶玫瑰数。实现代码如下。

```
#include<iostream>
using namespace std;
int main()
{
   for(int i=1;i<=9;i++)
       for(int j=0;j<=9;j++)
           for(int k=0;k<=9;k++)
               for(int m=0;m<=9;m++)
                   if(i*i*i*i+j*j*j*j+k*k*k*k+m*m*m*m==i*1000+j*100+k*10+m)
                       cout<<i*1000+j*100+k*10+m<<endl;
       return 0;
}
```

1. 穷举算法

穷举算法也称枚举算法，它是用计算机求解问题最常用的方法之一。它将求解对象一一列举出来，然后逐一加以分析、处理，并验证结果是否满足给定的条件，穷举完所有对象，问题最终得以解决。这种算法依赖于计算机强大的计算能力来穷举每一种可能的情况，从而达到求解的目的。穷举算法效率不高，适用于一些没有明显规律可循的情况。

注意：使用穷举算法时，需要明确答案的范围，这样才可以在指定范围内搜索答案。范围明确后，就可以使用循环语句和条件判断语句逐步验证候选答案的正确性，从而得到需要的正确答案。

2. 穷举算法的基本思想

（1）对于一种可能的情况，计算其结果。

（2）判断结果是否满足要求。如果不满足要求，则执行（1），搜索下一种可能的情况；如果满足要求，则表示找到一个正确答案。

这种思想应用得比较普遍，例如第 1 单元中，我们遇到的“鸡兔同笼”问题：一个笼子里关有鸡、兔共 35 只，一共有 94 只脚，求笼中鸡、兔各有多少只？这个问题完全可以用穷举算法来求解，第 1 层循环穷举鸡的数量，可以是 1 ~ 35；第 2 层循环穷举兔的数量，可以是 1 ~ 35，然后判断是否满足条件。程序代码如下。

```
#include<iostream>
using namespace std;
int main( )
{
  for(int i=1;i<=35;i++)
        for(int j=0;j<=35;j++)
             if(i+j==35 && i*2+j*4==94)
                 cout<<i<<" "<<j;
    return 0;
}
```

1. 百钱买百鸡

市场上公鸡 5 元 1 只，母鸡 3 元 1 只，小鸡 1 元 3 只。某人用 100 元恰好买了 100 只鸡，请问公鸡、母鸡和小鸡各买了多少只？输出所有可能的情况。

2. 幸运数字

李明的幸运数字是 7，于是他对与 7 相关的数都“情有独钟”。与 7 相关的数包括包含 7 的数和 7 的倍数，如 17 和 21。一天他受到一款游戏的启发，决定编写一个程序来统计某一范围内与 7 相关的数。

要求： 每一行输入两个整数 a、b（数据范围为 $0<a<b<10000$），输出一个整数，表示 $a \sim b$ 内与 7 相关的数的个数。

输入样例：

10 30

输出样例：

5

3. 寻找最小同余数

已知 3 个正整数 a、b、c。现有一个大于 1 的整数 x，将其作为除数分别除 a、b、c，得到的余数相同。请问满足上述条件的 x 的最小值是多少？

要求： 每一行输入 3 个整数 a、b、c（数据范围为 $0<a,b,c<1000000$），数据之间用空格隔开。输出一个整数，表示满足条件的 x 的最小值。如果不存在，则输出 none。

输入样例：

300 262 205

输出样例：

19

第28课

数据表排序——排序算法

小黑最近被 Excel 强大的计算和数据处理能力深深折服。例如，只要单击一下按钮，就可以实现数据的快速排序。那么 Excel 里的数据排序是如何实现的呢？我们能否编写一个 C++ 程序来实现数据排序呢？

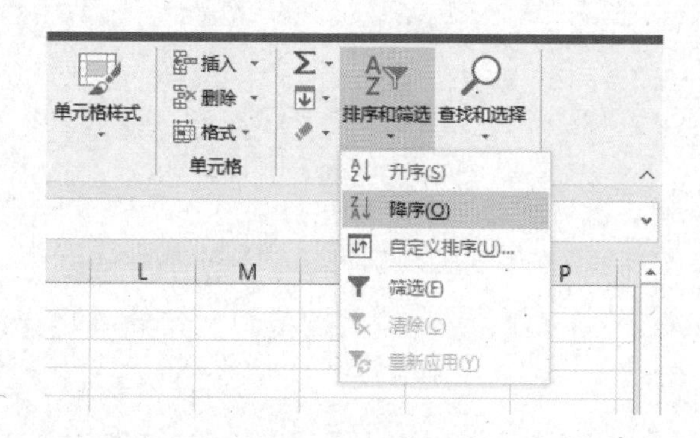

编程任务：编写一个程序，实现对一组无序的数据由大到小进行排序。

1. 理解题意

本题要求输入 *n* 个数，再由大到小地将其输出。例如，输入“3 6 4 5 2 7”这一串数字，就会输出“7 6 5 4 3 2”这样的结果。

2. 问题思考

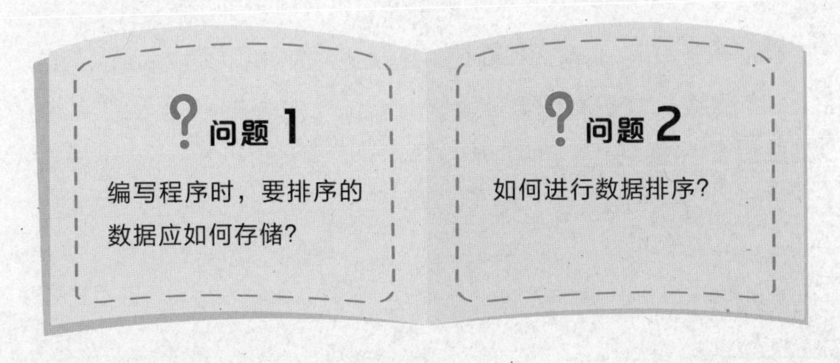

3. 算法分析

对 *n* 个数由大到小进行排序，并输出这组数据，其算法实现过程如下。

第 1 步：输入待排序数字的个数 *n*。

第 2 步：用循环结构依次输入 *n* 个数并将其存入数组。

第 3 步：用排序算法将数据由大到小排序。

第 4 步：用循环结构输出排序结果。

程序流程图如右图所示。

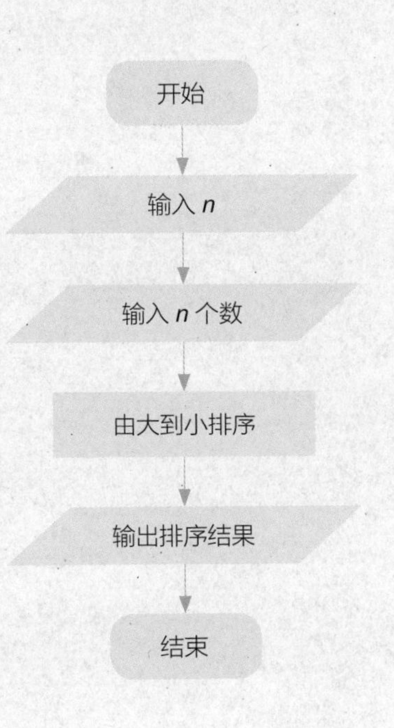

1. 存储数据

数据需要用数组来存储，考虑到数据可能是小数，所以需要先声明一个浮点型的数组 a：

```
float a[1000];
```

2. 数据排序

给一个数组排序，方法有很多种，常用的是冒泡排序法。

冒泡排序法的基本思想是依次比较相邻的两个数，把大数放在前面，小数放在后面。首先比较第 1 个数和第 2 个数，把大数放前面，小数放后面，然后比较第 2 个数和第 3 个数，直到比较最后两个数。第 1 次比较结束，最小的数放到了最后面。重复上述过程，仍从第 1 个数开始比较，直到比较到最后两个数，第 2 次比较结束，将第 2 小的数放在倒数第 2 位上。由于排序过程中总是大数放前面，小数放后面，相当于气泡上升，所以叫冒泡排序法。

第 1 次排序示意如下图所示。

序号	1	2	3	4	5	6
原数据	3	6	4	5	2	7
第 1 次比较	6	3	4	5	2	7
第 2 次计较	6	4	3	5	2	7
第 3 次比较	6	4	5	3	2	7
第 4 次比较	6	4	5	3	2	7
第 5 次比较	6	4	5	3	7	2

第 1 次比较下来，冒出一个最小数 2，放在队尾。

第 2 次排序示意如下图所示。

序号	1	2	3	4	5	6
原数据	6	4	5	3	7	2
第 1 次比较	6	4	5	3	7	2
第 2 次计较	6	5	4	3	7	2
第 3 次比较	6	5	4	3	7	2
第 4 次比较	6	5	4	7	3	2

第 2 次比较下来，冒出一个第 2 小的数 3，放在倒数第 2 位。

第 3 次排序示意如下页图所示。

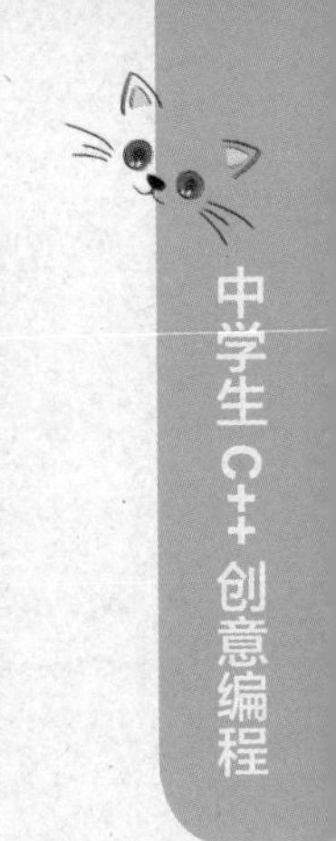

序号	1	2	3	4	5	6
原数据	6	5	4	7	3	2
第 1 次比较	6	5	4	7	3	2
第 2 次计较	6	5	4	7	3	2
第 3 次比较	6	5	7	4	3	2

第 3 次比较下来，冒出一个第 3 小的数 4。

第 4 次排序示意如下图所示。

序号	1	2	3	4	5	6
原数据	6	5	7	4	3	2
第 1 次比较	6	5	7	4	3	2
第 2 次计较	6	7	5	4	3	2

第 4 次比较下来，冒出一个第 4 小的数 5。

第 5 次排序示意如下图所示。

序号	1	2	3	4	5	6
原数据	6	7	5	4	3	2
第 1 次比较	7	6	5	4	3	2

第 5 次比较下来，冒出一个第 5 小的数 6。

剩下的一个数就是最大数了，放在队首。

从示意图来看，有 n 个数就需要进行 $n-1$ 次比较。

算法实现代码如下。

```
for(int i=1;i<=n-1;i++)
    for(int j=1;j<=n-i;j++)
        if(a[j]<a[j+1])
            swap(a[j],a[j+1]); //两数交换
```

1. 编程实现

在代码编辑区编写程序代码，并以“8-28-1.cpp 第 28 课　数据表排序——排序算法”为文件名保存。

文件名　8-28-1.cpp　第 28 课　数据表排序——排序算法

```
1  #include<iostream>
2  using namespace std;
3  int main()
4  {
5      float a[1000];
6      int n;
7      cin>>n;
8      for(int i=1;i<=n;i++) cin>>a[i];             //输入数据
9      for(int i=1;i<=n-1;i++)                       //冒泡排序
10       for(int j=1;j<=n-i;j++)
11         if(a[j]<a[j+1])
12           swap(a[j],a[j+1]); //两数交换
13
14         for(int i=1;i<=n;i++) cout<<a[i]<<" ";//输出数据
15         return 0;
16  }
```

2. 测试程序

编译并运行程序，依次输入如下数据：

7

2.5 6 7 4.5 8 9 7.5

程序运行结果如下图所示。

```
9 8 7.5 7 6 4.5 2.5
```

3. 程序解读

本程序可分为 3 个部分，第 1 部分为第 5 ～ 8 行语句，作用是声明变量，并将待排序的数据输出到数组 a 中；第 2 部分为第 9 ～

12 行语句，作用是利用冒泡排序法给数组排序；第 3 部分为第 14 行语句，作用是输出排序后的数据。

4．易犯错误

冒泡排序法是双重循环，外循环表示穷举排序的次数，*n* 个数要排 *n*-1 次，所以只循环 *n*-1 次就可以了。内循环表示穷举每一次排序中一行数据需要比较的次数，所以要循环 *n*-*i* 次。需要注意循环嵌套中循环的次数，避免重复。

5．程序拓展

本程序是将数据由大到小排序，如果要求由小到大排序，将程序的第 11 行语句改写成 if(a[j]>a[j+1]) 即可。这样修改的目的是让每一次排序冒出来的是一个最大数，放在后面，最后程序就是将数据由小到大排序了。

1．排序函数 sort( )

本程序中是使用循环嵌套逐一排序，但效率不高。实际上，C++ 中有排序函数 sort( )，通过调用该函数，可以很轻松地对普通数组或容器中指定范围内的元素进行排序。调用 sort( ) 函数之前，需要添加一行代码：#include<algorithm>。

调用 sort( ) 函数的格式如下：

格式： sort(first,last)

功能： 对普通数组或容器中 [first, last) 内的元素进行排序，默认进行升序（由小到大）排序。

例如，要对 a[10] 数组进行排序，就可以直接编写如下代码。

```
#include<iostream>
#include<algorithm>   //包含 sort( )的头文件
using namespace std;
int main( )
{
    int a[10]={5,8,4,2,5,7,4,6,8,12};    //初始化 a 数组
    sort(a+0,a+10);                      //对 a 数组由小到大排序
    for(int i=0;i<=9;i++)                //输出 a 数组
        cout<<a[i]<<" ";
    return 0;
}
```

其中，sort(a+0,a+10); 中的 a 是数组名，(a+0,a+10) 是指排序的区间是 0 ～ 9。

2．排序算法的应用

除了上面讲解的冒泡排序法和快速排序法，还有很多排序算法，如选择排序法、桶排序法、归并排序法等。每种排序算法各有优缺点，需要根据具体的数据规模选择合适的算法，甚至几种算法结合使用。

1．火车厢调度问题

题目描述：在一个旧式的火车站旁边有一座桥，其桥面可以绕河中央的桥墩水平旋转。一个车站的职工发现桥的长度最多能容纳两节车厢，如果将桥旋转 180°，则可以把相邻两节车厢的位置交换，用这种方法可以重新排列车厢的顺序。于是他就负责利用这座桥将进站的车厢按车厢号从小到大排列。他退休后，火车站决定将这一工作自动化，其中一项重要的工作是编写一个程序，输入初始

的车厢顺序，计算最少旋转多少次就能将车厢排序。

要求： 输入两行数据，第 1 行是车厢总数 N（不大于 10000）；第 2 行是 N 个不同的数，表示初始的车厢顺序。输出一个数，表示最少的旋转次数。

输入样例：

4

4 3 2 1

输出样例：

6

2．众数问题

题目描述： 由文件给出 N 个 1 ~ 30000 的无序正整数，其中 $1 \leqslant N \leqslant 10000$。同一个正整数可能会出现多次，出现次数最多的正整数称为众数。求出该范围内的众数及该众数出现的次数。

要求： 输入两行数据，第 1 行是正整数的个数 N，第 2 行是 N 个正整数。输出若干行，每行两个数，第 1 个数代表众数，第 2 个数代表众数出现的次数。

输入样例：

12

2 4 2 3 2 5 3 7 2 3 4 3

输出样例：

2 4

3 4

第29课

多米诺骨牌
——递推算法

李明有一套多米诺骨牌，这套牌被他玩出了各种花样，现在他又研究出一种新的玩法：把所有的骨牌都放到盒子里，他与弟弟轮流取出骨牌，每人每次只能取出一块或者两块，看最后一块能被谁拿到。出于对数字的敏感，李明想知道这套骨牌若按照此规则来取，有多少种取法。

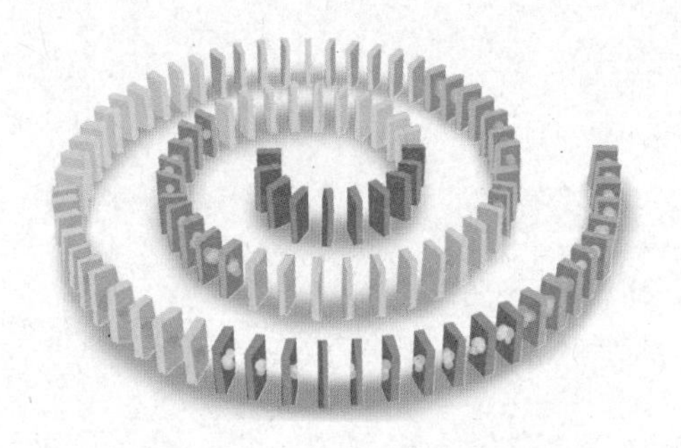

编程任务： 编程计算从 n 块骨牌中，每次取出一块或者两块，直到取完，有多少种不同的取法。

1. 理解题意

本题可以理解为有 n 块骨牌，依次取出其中的一块或者两块，

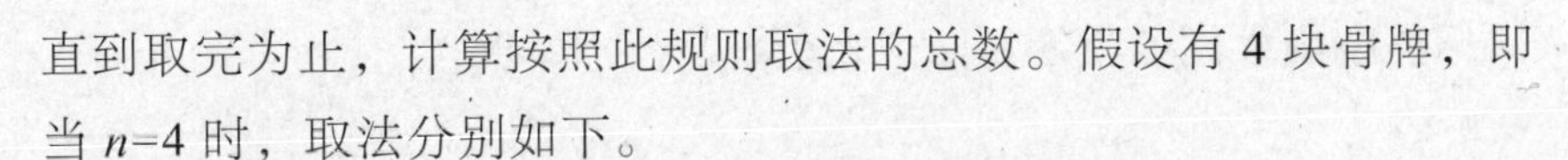

直到取完为止，计算按照此规则取法的总数。假设有 4 块骨牌，即当 n=4 时，取法分别如下。

第 1 种取法：1+1+1+1，每次都只取一块，4 次取完。

第 2 种取法：1+1+2，前两次各取一块，第 3 次取两块。

第 3 种取法：1+2+1，第 1 次取一块，第 2 次取两块，第 3 次取一块。

第 4 种取法：2+1+1，第 1 次取两块，后两次每次各取一块。

第 5 种取法：2+2，每次取两块，两次取完。

2. 问题思考

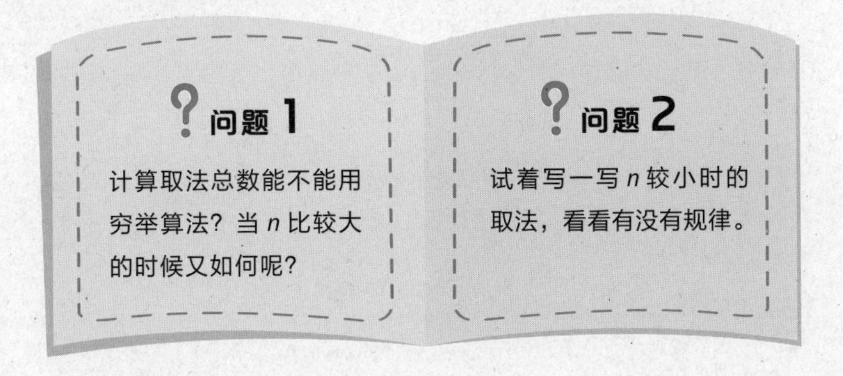

3. 算法分析

本题是计算 n 块骨牌的不同取法总数，可以先穷举 n 较小时的取法。用数组 a[i] 表示有 i 块骨牌的取法，则不难举出：

a[1]=1

a[2]=2（1+1、2）

a[3]=3（1+1+1、1+2、2+1）

a[4]=5（1+1+1+1、1+1+2、1+2+1、2+1+1、2+2）

a[5]=8（1+1+1+1+1、1+1+1+2、1+1+2+1、1+2+1+1、2+1+1+1、1+2+2、2+1+2、2+2+1）

这时，不难发现规律：从第 3 项开始，每一项等于前两项之和，可以表示为 $a[i]=a[i-1]+a[i-2]$。所以只需要给出前两项的值，就可以用循环结构推出 $a[n]$ 的值。

程序流程图如下图所示。

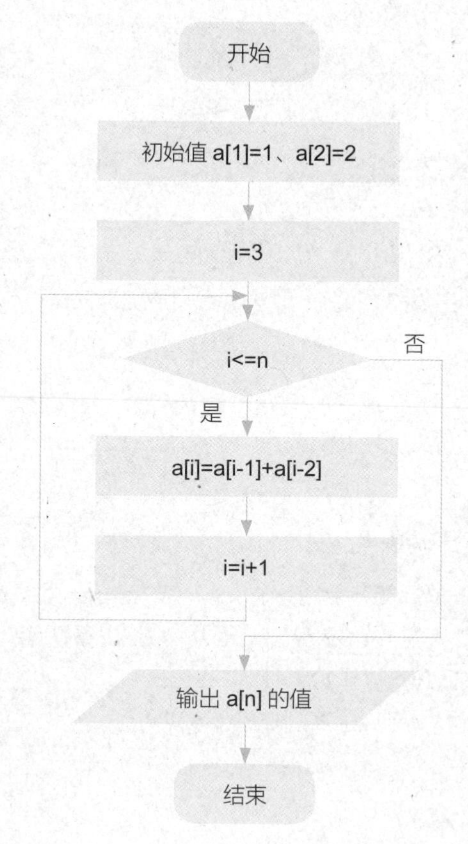

1. 递推公式

使用递推算法的时候，首先要做的事情就是分析题目，试试能不能找到递推公式。找递推公式常用的方法有两种，第 1 种是列举出前几项，看看能不能找到规律；第 2 种是分析题目数据的逻辑关系，找出相邻两项或者多项的逻辑关系。对于第 2 种方法，本题也可以这样理解，取到第 i 块时，最后一次取的要么是一块，要么是两块，只有这两种情况。如果最后一次取的是一块，那么就只需要计算 i–1 块的取法总数；如果最后一次取的是两块，那么需要计算

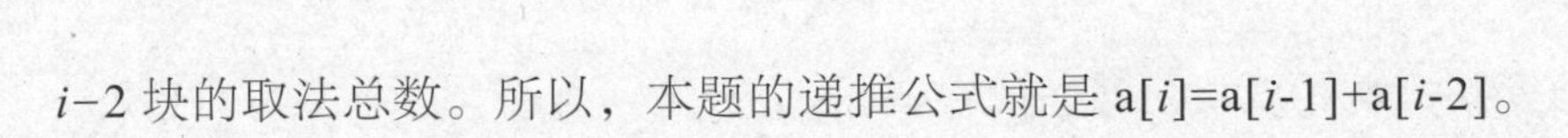

i−2 块的取法总数。所以，本题的递推公式就是 a[i]=a[i-1]+a[i-2]。

2．递推初始值

使用递推算法，初始值是必不可少的已知条件。一般初始值是给定的，或者是能很容易计算出来的，本题的初始值就是 a[1]=1 和 a[2]=2。

1．编程实现

在代码编辑区编写程序代码，并以“8-29-1.cpp 第 29 课　多米诺骨牌——递推算法”为文件名保存。

文件名　8-29-1.cpp　第 29 课　多米诺骨牌——递推算法

```
1  #include<iostream>
2  using namespace std;
3  int a[10010];                       //数组的大小取决于骨牌的数量
4  int main()
5  {
6      int n;
7      cin>>n;
8      a[1]=1;a[2]=2;                  //初始值
9      for(int i=3;i<=n;i++)
10        a[i]=a[i-1]+a[i-2];          //递推公式
11     cout<<a[n];                     //输出结果
12     return 0;
13 }
```

2．测试程序

编译并运行程序，当输入数字 6 时，程序运行结果如下图所示。

3．程序解读

由程序的递推公式来看，当前项是前两项之和，所以初始值一定是两个数值，循环是从第 3 项开始的。所以，需要从已知条件出发，一步一步求出问题的答案。

4. 易犯错误

对本题来说，程序的书写并不复杂，难点在于递推公式如何得出，这也是使用递推算法本身的难点。可能出现的错误是遗漏初始值。

5. 拓展应用

如果本题加大一下游戏难度，若取法规则改为每次可以取 1 块、2 块或者 3 块，那么取法总数又该如何计算呢？

在这种情况下仍然是先找递推公式，如果还是通过列举出前几项来找规律的话，不容易得出结论，这时可以尝试使用本课“查秘籍”中介绍的第二种方法对数据的逻辑关系进行分析。分析后，不难发现递推公式是 $a[i]=a[i-1]+a[i-2]+a[i-3]$。实现代码如下。

```
#include<iostream>
using namespace std;
int a[10010];                    //数组的大小取决于骨牌的数量
int main()
{
    int n;
    cin>>n;
    a[1]=1;a[2]=2,a[3]=4;            //初始值
    for(int i=4;i<=n;i++)
        a[i]=a[i-1]+a[i-2]+a[i-3];   //递推公式
    cout<<a[n];                      //输出结果
    return 0;
}
```

1. 常见的递推模型

斐波那契数是一种常见的递推关系的数列，其递推公式为 $a[n]=a[n-1]+a[n-2]$，本课的主案例实际是一个典型的斐波那契数列。

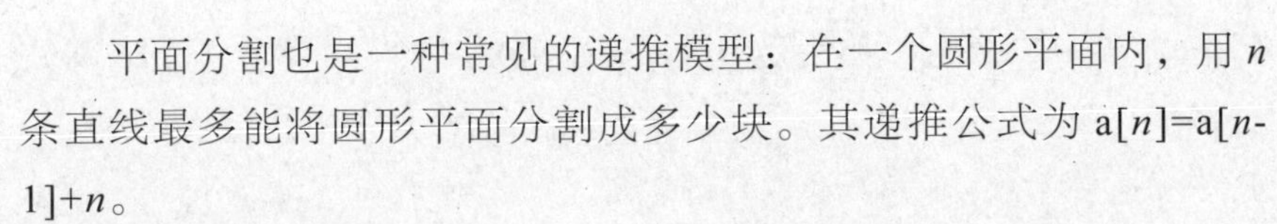

平面分割也是一种常见的递推模型：在一个圆形平面内，用 n 条直线最多能将圆形平面分割成多少块。其递推公式为 $a[n]=a[n-1]+n$。

经典的汉诺塔游戏：有 n 块大小不同的圆盘，用最少的移动次数将圆盘从 A 柱移动到 B 柱，要求每次只能移动一块圆盘，移动过程中不能出现大盘压在小盘上的情况。求 n 块盘的最少移动次数，它的递推公式为 $a[n]=2\times a[n-1]+1$。

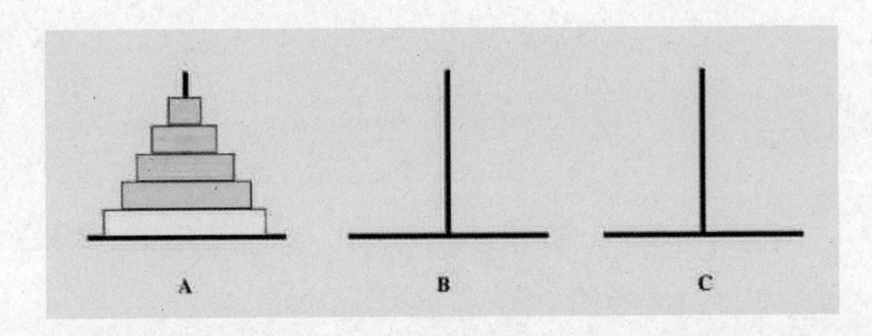

2．递推算法

递推算法是一种简单的算法，即通过已知条件，利用特定关系得出中间推论，直至得到结果的算法。

递推算法可分为顺推算法和逆推算法。所谓顺推算法，是指从已知条件出发，逐步推算出要解决的问题的答案的方法。

如斐波拉契数列，设其函数为 $f(n)$，已知 $f(1)=1$，$f(2)=1$……$f(n)=f(n-2)+f(n-1)(n\geqslant 3,n\in \mathbf{N}^*)$，则通过顺推算法可以知道，$f(3)=f(1)+f(2)=2$，$f(4)=f(2)+f(3)=3$……直至推出我们要求的解。

所谓逆推算法，是指从已知问题的结果出发，用迭代表达式逐步推算出问题开始的条件，即顺推算法的逆过程。

1．圆形分割

题目描述：一个平面内有一个圆形，用 1 条直线最多可以把圆分成两份，用 2 条直线最多可以把圆分成 4 份，用 3 条直线最多可以把圆分成 7 份……那么用 n（$n \leqslant 1000$）条直线最多可以把圆分成多少份呢？

输入样例：

7

输出样例：

29

2. 苹果分盘

题目描述：把 m 个苹果放在 n 个盘子里，允许有的盘子空着不放，问共有多少种不同的分法（用 k 表示）？注意：5+1+1 和 1+5+1 是同一种分法。

要求：

（1）第 1 行输入的是测试数据的数目 t（$0 \leqslant t \leqslant 20$）。之后输入时，每行均包含 m 和 n 两个整数，并以空格分开，$1 \leqslant m$，$n \leqslant 10$。

（2）对输入的每组数据 m 和 n，用一行输出相应的 k。

输入样例：

1

7 3

输出样例：

8

3. 对号入座

题目描述：有 n（$n \leqslant 105$）个人，编号分别为 1 ~ n，同时也有编号为 1 ~ n 的 n 个房间，如果人进到与自己编号一样的房间，我们认为是进对了房间，那么请问 n 个人都进错了房间的情况有多少种？

输入样例：

3

输出样例：

2

样例解释：输入 3，表示有 3 个人和 3 个房间，3 个人都进错房间的可能的情况有两种，所以输出结果为 2。

第 30 课

组合数问题
——搜索和回溯

扫一扫，看视频

读故事

在神奇的数字世界里，数字符号只有 0、1、2、3、4、5、6、7、8、9 这 10 个，但是它们可以组合出无穷无尽的数字。例如，数学课上，老师给出 4 个不同的数字，问这 4 个数字能组合出哪些不同的四位数。这就是数字的排列问题。对于这种排列问题，小黑立即想到通过编程来解决。

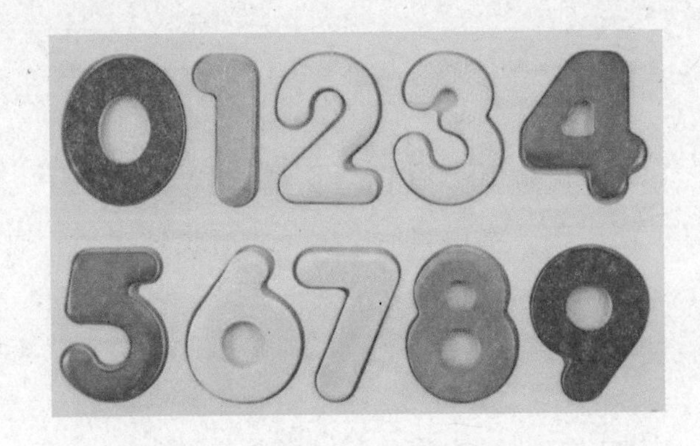

编程任务： 计算由 1、2、3、4 这 4 个数字组合出的所有四位数。

理思路

1. 理解题意

1、2、3、4 这 4 个数字，不同的排列顺序表示不同的四位数，如 1234、4231 等。题目要求把所有的排列结果都输出。

2. 问题思考

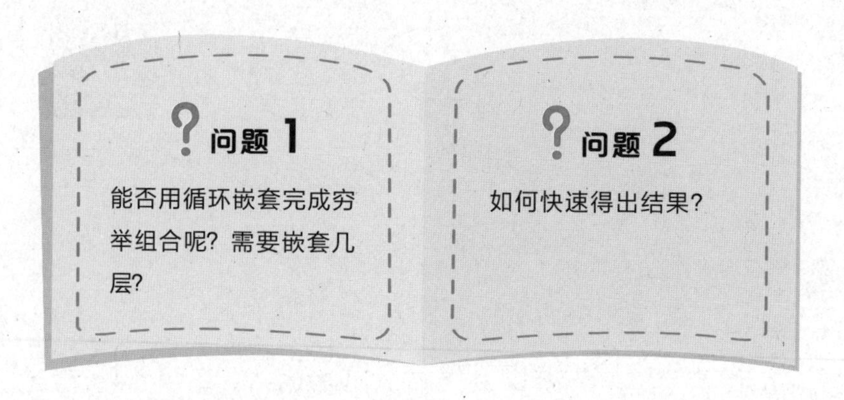

3. 算法分析

如果用前面学到的穷举算法来解决此问题，效率比较低下，本题可以用一种新的算法——回溯法，把结果逐一输出。求解过程如下。

第 1 步：循环搜索千位、百位、十位、个位这 4 个位置上的数字。

第 2 步：每个位置上穷举 1、2、3、4 这 4 个数字。

第 3 步：如果该数字在其他位置上没有出现过，就把该数字放在这个位置上。

第 4 步：如果当前位置是个位，则输出这组答案，否则搜索下一个位置。

第 5 步：回到上一个位置。

用程序代码来展示回溯法的思路就是：

```
从第 1 个位置开始搜索
int search(int k)   //搜索第 k 个位置
{
        for(int i=1;i<=算符种数;i++) //这个位置可以放的数字
        {
            if(i 这个数字没有被用过)
            {
                把 i 放到这个位置
                if(这是第 4 个位置)      //到达目的地
                    输出这个四位数
                else
                    search(k+1);           //搜索下一个位置
                恢复：保存结果之前的状态(回溯一步)
            }
        }
```

1. 回溯法

回溯法实际上是一种用递归函数实现搜索的方法，从问题的起点开始，每个阶段尝试穷举所有的可能数字，若有满足条件的，则调用递归函数进入下一个阶段的搜索；若没有满足条件的，则回溯到上一个阶段继续搜索，直到找到答案或者搜索完毕。

2. 回溯法的基本思想

回溯法的基本思想是为了求得问题的解，先选择某一种可能的情况向前探索。在探索过程中，一旦发现原来的选择是错误的，就退回一步重新选择，然后继续向前探索，如此反复进行，直至得到解或证明无解。

1. 编程实现

在代码编辑区编写程序代码，并以“8-30-1.cpp 第 30 课　组合数问题——搜索与回溯”为文件名保存。

文件名　8-30-1.cpp　第 30 课　组合数问题——搜索与回溯

```
#include<iostream>
using namespace std;
int a[5];           // 存放组合结果
bool b[5];          // 标记数字是否用过
int total;          // 统计结果总数
void print()        // 输出数组a
{
    total++;
    for(int i=1;i<=4;i++) cout<<a[i]<<" ";
    cout<<endl;
}
 search(int t)        //递归搜索
 {
    for(int i=1;i<=4;i++)//穷举4个数字
     if(b[i]==0)         //如果i没被用过
     {
        a[t]=i;          //把i放在第t个位置上
        b[i]=1;          //把i标记为已用过
        if(t==4) print();//如果4个位置已搜索完,则输出
        else search(t+1);//否则搜索下一个位置
        b[i]=0;          //把i标记为未使用，回溯一步
     }
 }
int main()
{
    search(1);          //从第1个位置开始进行搜索
    cout<<"共有"<<total<<"种";
    return 0;
 }
```

2. 测试程序

编译并运行程序，程序输出结果如右图所示。

3. 程序解读

第 6 ~ 11 行语句为自定义输出函数部分，其作用是输出数组 a。第 12 ~ 23 行语句为回溯的函数部分，其作用是搜索数字的所有组合。其中第 21 行中的 b[i]=0;，表示将数字 i 标记为未使用，其作用是回溯一步。

4. 易犯错误

在编写本程序代码时，最容易出错的地方是回溯一步，也就是第 21 行的代码。本题的回溯方式是把标记成已用过的数字释放，变成未标记，后面仍然可用。但不同题目的回溯方式不一样，需要同学们自己思考。另外，很多同学会把回溯语句放错位置，一定要把回溯语句放在第 15 行的 if 语句中，表示只有在满足条件的前提下，才有后面的回溯一步。

5. 拓展应用

如果将题目改成从 0 ~ 9 这 10 个数字里面，随机抽取 4 个不同的数字，那么能组合出多少个不同的四位数?

思维引导：修改后题目的搜索思路与本课案例中的搜索思路是一样的，区别在于算符种数多了，由原来的 4 个变成了 10 个。另外，还要考虑第 1 位数字不能为 0。递归搜索的核心代码如下。

```
search(int t)        //递归搜索
  {
     for(int i=0;i<=9;i++)// 10 个数字可用
      if(b[i]==0  &&  (i!=0||(i==0&&t!=1)) )   //如果 i 没被用过，并且0不
                                                  出现在第1位
     {
        a[t]=i;              //把 i 放在第 t 个位置上
        b[i]=1;              //把 i 标记为已用过
        if(t==4) print();    //如果 4 个位置已搜索完，则输出
        else search(t+1);    //否则搜索下一个位置
        b[i]=0;              //把 i 标记为未使用，回溯一步
      }
  }
```

1. 递归与回溯的区别

递归和回溯是有本质区别的，递归是依靠调用函数本身，逐步缩小问题的求解规模，直到到达已知的边界，然后逐步返回求解问题的答案，过程比较单一；而回溯中的调用函数本身，是为了处理相似问题，类似于穷举所有可能，情况比较繁杂。所以，可以说递归是一种算法结构，回溯是一种算法思想。

2. 搜索与回溯程序框架

搜索与回溯是利用计算机解决问题时常用的方法。例如玩迷宫游戏，进入迷宫后，先选择任意一个方向前进，一步一步向前探索，如果碰到死胡同，说明前方已无路可走。这时，首先看其他方向是否还有路可走，如果有路可走，则沿该方向向前探索。如果无路可走，则返回一步，再看看其他方向是否还有路可走；如果有路可走，则沿该方向再向前探索。根据这种思想我们可以梳理出一套程序框架，具体如下。

```
int a[n];                                   // 用于保存搜索的答案
返回值类型 搜索函数名(参数 i)
 {
    for(j=1;j<=算符总数；j++)        // 穷举 i 所有可能的情况
          if(fun(j))                        // 如果当前 j 满足条件
             {
                a[i] = j;                   // 保存结果
                ...
                if(i==n)                    // 判断是否搜索到答案
                       输出结果;
                else
                       搜索函数名(i+1);
                回溯前的清理工作（如 a[i]置空值等）;
             }
    }
```

练武功

1. 数字组合

题目描述： 输入 4 个一位数，用空格隔开（可以是 0 ~ 9，也可以有重复），输出由这 4 个数字组成的所有四位数。

要求： 输入用空格隔开的 4 个一位数；输出所有的四位数，并用空格隔开。

输入样例：

3 1 0 1

输出样例：

1013 1031 1103 1130 3011 3101 3110

2. 零钱兑换

题目描述： 某国现行的一套货币中，有 1 元、2 元和 5 元 3 种面值的基础货币，现在需要凑出 n 元钱，有多少种方案？

要求： 输入一个数字 n，表示需要凑成的金钱总数；输出一个数字，表示方案总数。

输入样例：

5

输出样例：

4

样例说明： 凑成 5 元的方案有 4 种，即 1+1+1+1+1、1+1+1+2、1+2+2、5。

3．赠书方案

题目描述： C 老师有 5 本书，现在要赠送给 5 个同学，每个人只能送一本。老师事先让每个同学将自己喜欢的书填写在如下的表格中（“Y”表示喜欢），然后根据他们填写的表格来分配书。设计一个程序，帮助 C 老师求出所有可能的分配方案，使每个同学都满意，并输出方案总数。

书 学生	A	B	C	D	E
甲			Y	Y	
乙	Y	Y			Y
丙		Y	Y		
丁				Y	
戊		Y			Y